# 建筑安徽

本丛书入选安徽省文化强省建设专项资金项目

贺为才 编著

## 品读·文化安徽

合肥工业大学出版社

**图书在版编目（CIP）数据**

建筑安徽/贺为才编著 . —合肥：合肥工业大学出版社，2017. 3
（品读·文化安徽丛书）
ISBN 978 - 7 - 5650 - 3317 - 9

Ⅰ. ①建…　Ⅱ. ①贺…　Ⅲ. ①建筑艺术—安徽　Ⅳ. ①TU - 862

中国版本图书馆 CIP 数据核字（2017）第 065599 号

**建筑安徽**

贺为才　编著

| | | |
|---|---|---|
| 责任编辑 | 章　建　张　燕 | |
| 出版发行 | 合肥工业大学出版社 | |
| 地　　址 | （230009）合肥市屯溪路 193 号 | |
| 网　　址 | www. hfutpress. com. cn | |
| 电　　话 | 总　编　室：0551-62903038 | |
| | 市场营销部：0551-62903198 | |
| 开　　本 | 710 毫米×1010 毫米　1/16 | |
| 印　　张 | 10 | |
| 字　　数 | 156 千字 | |
| 版　　次 | 2017 年 3 月第 1 版 | |
| 印　　次 | 2017 年 3 月第 1 次印刷 | |
| 印　　刷 | 安徽联众印刷有限公司 | |
| 书　　号 | ISBN 978 - 7 - 5650 - 3317 - 9 | |
| 定　　价 | 36. 00 元 | |

如果有影响阅读的印装质量问题，请与出版社市场营销部联系调换。

# 前　言


　　品读文化安徽，第一步就是"品"，从字形上看，品由三个口组成，但这个口不是指嘴巴，而是指器皿——三个器皿叠放在一起，用来形容事物或物品众多。

　　那么，关于安徽的众多器皿中，主要又盛放着什么呢？

　　一个盛着酒，一个盛着茶，一个盛着诗。

　　酒，是一种凛冽而火热的液体；茶，是一种清雅而悠长的液体。它们是对于大自然的高度抽象，同时也融入了人工创造的高度智慧。安徽既出名酒，又出名茶，这从一个侧面也体现了大自然对这块土地的垂青和爱怜，而生活在这块土地上的人们，把对于大自然的汲取和感恩，化作了丰美的生活浆液和丰盈的文化积淀。

　　从酒上面，能看到安徽的北方，看到一望无垠的平原，看到沉甸甸的金色收获，看到农夫晶莹的汗珠；更远一点的，还能看到大禹治水遗迹、安丰塘、江淮漕运等等伟大的水利工程，还能感受到花鼓灯的热烈、拉魂腔的高亢和花戏楼上载歌载舞的酣畅……

　　从茶上面，能看到安徽的南方，看到草木葱茏的丘陵，看到朦朦胧胧的如梦春雾，看到农妇藕白的巧手；更远一点的，还能看到粉墙黛瓦，看到那些像诗一样优美的民居建筑，感受到贵池傩舞的神秘、徽剧声腔的精致和黄梅戏的婉转……

　　这些土地、这些物产，又怎能不吸引诗人呢？

　　于是曹操、曹植来了，嵇康、谢朓来了，李白、杜牧、刘禹锡来了，欧阳修、王安石、苏东坡来了，梅尧臣、姜夔、徐霞客来了……如果有心，可以绘制一幅安徽诗歌地图，定格一座座在中国诗歌史上意义显赫的风景重镇：

教弩台、敬亭山、浮山、齐云山、褒禅山、秋浦河、采石矶、杏花村、陋室、颍州西湖、醉翁亭、赤阑桥……那些被歌咏过的一山一水、一草一木，都闪烁着别样的光芒。

诗是灵魂的高蹈和想象力的释放，张扬的是一种逍遥洒脱的个性。诗人们是近于道家的，嵇康和李白，干脆自认为老庄的传人。而老庄及其道家哲学，正是安徽这块土地上结出的思想文化硕果。

道家太出世，则需要入世的儒家来中和。从经世致用的角度说，儒家思想，往往是一股"天行健，君子以自强不息"的正能量。

管仲和孙叔敖，出自安徽的春秋两大名相，他们的政治实践，给了同时代的孔子极大的影响；战国时的甘罗和秦末汉初的范增、张良，以其超凡的智慧与谋略，成为后世文臣的标杆；三国时的周瑜、鲁肃和南宋时的虞允文，分别因为赤壁大战和采石矶大捷而一战成名，他们是敢于赴汤蹈火的书生，也是运筹帷幄的儒将；两宋时期，程朱理学从徽州的青山绿水间兴起，最后成为几个朝代的官方思想和意识形态；明清之际，儒医和儒商，几乎同时在徽州蔚为大观，从"不为良相，即为良医"的新安医学代表人物和诚信勤勉的徽商典范身上，我们能够感受到一股清朗上进的儒雅之风；到了风起云涌的近代，李鸿章及其淮军将领，走的仍然是"儒生带兵"的路子，至少在其初期，洋溢着奋发有为的气概。李鸿章对于近代化孜孜不倦的追求，刘铭传对于祖国宝岛的守护和经营，段祺瑞对于共和政体的倾力捍卫，都是中国近代史上浓墨重彩的一笔……

酒、茶、诗、儒，是关于安徽的四大意象，也是安徽人精神的四个侧面，除此之外，安徽人的精神还包括什么呢？

显然，还包括勤劳、善良、淳朴、坚忍、进取等中华民族的诸项精神特质，还有最重要的一项就是——创新。

创新，从远古人类那时就开始了。最早的器物文明——和县猿人的骨制工具，最早的城市雏形——凌家滩，最早的村落——尉迟寺，等等，无不显示了先民的伟大创造。

创新，从司法鼻祖皋陶那里就开始了。他创造性地建构了中国古代最早的司法体系，最先开始弘扬"依法治国"的理念，而两千年后的北宋包拯，则承袭了这种朴素的法治精神。

创新，从大禹、管仲、孙叔敖、曹操、朱熹、朱元璋等政治家那里就开始了。大禹"堵不如疏"的崭新思路，是中国古代政治智慧中的重要因子；管仲的"仓廪实而知礼节"的先进思想，显示了他对于物质文明和精神文明的双重重视；孙叔敖关注民生的呕心沥血，曹操"唯才是举"的不拘一格，朱熹对于古代赈济体系的精心构筑，朱元璋对于封建制度的精心设计，也都开创了中国古代政治文明的新局面。

创新，也是文化巨擘的应有之义。从道家宗师老庄、理学宗师程朱，到近代现代哲学大师胡适、朱光潜；从率先融合儒释道三家的"睡仙"陈抟，到打通文理、博览百科的"狂生"方以智；从开创中国第一所"官办学校"的汉代教育家文翁，到现代平民教育的倡导者陶行知；从"建安风骨""魏晋风度""桐城派"这三大文学家群体，到吴敬梓、张恨水这两位小说家典范；从探索中国画白描技法的"宋画第一人"李公麟，到与齐白石齐名的新安画派代表人物黄宾虹；从开创近代书法和篆刻新风的邓石如，到现代雕塑大家刘开渠；从力促徽剧上升为国剧的程长庚，到黄梅戏表演艺术家严凤英；从巾帼不让须眉的近代女才子吕碧城，到洋溢着中西合璧气派的女画家潘玉良……没有"吾将上下而求索"的探索精神，也就没有他们那震古烁今的文化创造。

创新，同样是科技巨匠的立身之本。淮南王刘安对于豆腐的"点石成金"，神医华佗对于外科手术和麻醉术的开创，兽医鼻祖元亨兄弟对于兽医这门全新学科的开拓，还有程大位、方以智的数理演算，梅文鼎、戴震仰望星空的眼睛，包世臣、方观承理论与实践相结合的农学著作，两弹元勋邓稼先的非凡壮举……正是沿着前所未有的轨迹，这一颗颗闪耀的"科星"才飞升在天宇。

创新，还是物质文明的重要助推器。从朴拙无华的凌家滩玉器，到堂皇无比的楚大鼎；从恢宏厚重的汉画像石，到精美绝伦的徽州三雕；从文人推重的笔墨纸砚，到民间珍爱的竹器铁艺；从唇齿留芳的皖北面食，到咀嚼英华的徽式大菜；从花戏楼、振风塔、百岁宫等不朽建筑，到西递、宏村、查济的诗意栖居；从至今仍然发挥着作用的"天下第一塘"安丰塘，到永载新中国水利史册的佛子岭水库；从铜陵的青铜冶炼，到繁昌窑的炉火；从熙来攘往的芜湖米市，到造出中国第一台蒸汽机、第一艘轮船的安庆内军械所……正是因为集合了无数人的灵感和汗水，才孕育了这一件件小而美好的小设计、小发明、小物件，才诞生了这一项项大而堂皇的大工程、大构造和大器具。

创新，更是红色文化的闪亮旗帜。陈独秀的《安徽俗话报》，激情燃烧的鄂豫皖革命根据地，艰苦卓绝的皖南新四军，被称为"世界战争史奇迹"的千里跃进大别山，"靠人民小车推出胜利"的淮海战役……这些都展示了革命者的勇敢无畏和锐意进取，凝结了革命者的高度智慧，也奏出了时代精神的最强音。

创新，也是我们这个改革开放的火热时代的主旋律。小岗村的"大包干"实践，"人造太阳"托卡马克的建造，现代化大湖名城的横空出世，白色家电业和民族汽车工业的崛起，中国科技大学同步辐射、火灾科学、微尺度物质科学这三大国家级实验室中所孵化出的最新成果，都成为安徽通往经济大省、科技大省和文化大省的一步步坚实的台阶……

正是因为有了创新精神，安徽这块土地才没有辜负大自然的恩宠，才开出了艳丽无比的物质文明和精神文明之花，堪与大自然的鬼斧神工相媲美。

"品读·文化安徽"系列丛书，共20册。每册从一个方面或一个领域入手，共同描绘出安徽从古到今不断演化、不断创新、不断发展的巨幅长卷。这20册书摆在眼前，仿佛排开了一个个精美的器皿，里面闪烁的是睿智与深情，是天地的精华与文明的荣光。

请细心地品，静心地读，然后用心地思索：我们今天该有什么样的创造，才能够匹配这天地的精华，才能延续这文明的荣光？

本丛书在策划、编辑、出版的过程中，得到了省内外许多专家学者的关心和支持，在此对他们表示衷心的感谢。同时，本丛书的部分著作中的若干图片和资料来源于网络，未及向创作者申请授权，祈盼宽谅；恩请有关作者见书后与出版社联系，以便奉寄稿酬及样书。

编委会
2015年10月

# 目　　录

# 引　子

　　建筑，是文化的重要物质载体，是文化发展、文明演进的标志和象征，凝结着历代人民的智慧和技艺才能，其可见、可体验、可游赏，具有独特魅力。无论是个体建筑还是群体建筑，都是一个民族不同历史时期政治、经济、文化、科技等诸条件的综合产物，是自然科学与人文科学的完美结合。因此，经典建筑的存在，已远远超出了其作为建筑本身的价值和意义。它将历史学、文化学、宗教学、哲学、美学、考古学、民族学乃至旅游学等不同学科的价值集于一身，是地域文化、民族文化之集大成者。

　　安徽的地理气候复杂多样、环境多变，堪称全国之最，而安徽建省较晚，历史上境内拥有多个亚文化圈，如：涡河文化、淮河文化、长江文化（皖江文化、桐城文化）、新安江文化（徽州文化）等，不同文化的基因、特色均会在建筑上留下印记，而文化间的交流融会，使得建筑文化更加复杂。

　　安徽的建筑文化遗产极其丰富，新的建筑地标又不断涌现，可以说《建筑安徽》汇聚了古今安徽各地的人文景观，是可视的、立体的安徽文明史。

　　因作者阅历水平有限，本书只能选取安徽区域内最具特色的建筑遗存及新建筑进行介绍，因此只是安徽古今建筑概貌，难免挂一漏万。笔者希望通过对繁杂建筑做简单的归类梳理，为读者提供线索，为旅游者提供参考，使其可一览安徽建筑景观——倘能如此，则心愿足矣。

# 一、名城建筑

　　历史文化名城中最具当代价值的部分是浓缩着悠久历史文化背景及各种特殊功能的文化历史遗迹。古代城市主要有两大功能，即：城（防御）、市（贸易）。所以，古城必有防御设施。"城"，墙也，是为了防御敌方进攻和自然灾害而建。"城"包括城墙和城壕（护城河），并建有城楼、瓮城、角楼、护城河、吊桥、水关等一系列辅助设施。为了能保城内的安全，易守难攻的地形成为建城的必备条件，也就是古人所说的风水形势。"市"，就是市场、集市、市井，为商品交易之所，它促成了街巷的产生与繁荣。所以，古城是一个地方的文化载体，为文化景观、信息最集中之空间，充分考虑了地形、交通、水源等因素。事实证明，现存历史文化名城选址科学、布局合理，是城市建筑与规划的杰作，促进了社会经济的发展。

　　1982 年，根据北京大学侯仁之院士、建设部郑孝燮、故宫博物院单士元等先生的提议，我国建立了一种将国家历史文化名城作为文物整体保护的机制。由国务院确定并公布的国家历史文化名城，均为保存文物特别丰富、具有重大历史价值或者纪念意义、且正在延续使用的城市。人民政府历来高度重视历史文化名城、名镇、名村的保护工作，并制定了《文物保护法》《城乡规划法》等历史文化名城、名镇、名村保护制度。2005 年 10 月 1 日，《历史文化名城保护规划规范》正式施行，确定了保护原则、措施、内容和重点。2008 年 7 月 1 日，《历史文化名城名镇名村保护条例》正式施行，规范了历史文化名城、名镇、名村的申报与批准。如果国家历史文化名城的布局、环境、历史风貌等遭到严重破坏，国务院将撤销其历史文化名城称号。

　　国家历史文化名城按照特点主要分为7类：历史古都型、传统风貌型、一般史迹型、风景名胜型、地域特色型、近代史迹型、特殊职能型。1982—2014年，国务院共公布了6批126座国家历史文化名城，安徽省亳州、寿县、歙县、安庆、绩溪名列其中。此外，安徽省还有桐城、黟县、凤阳、潜山、涡阳、蒙城、宣州、和县、贵池等10余座省级历史文化名城，凤阳境内的明中都皇城遗址为国家级重点文物保护单位。

歙县古城阳和门

# （一）亳　州

　　亳州是一座历史悠久的古城，被世人称为"药都"。亳州地处皖西北边陲，因地处商之南亳而名。它南襟江淮，北望黄河，是京九铁路进入安徽的第一站，素有"江北胜地，南北要脊"之称，是一个古老而新兴的城市。

3000 多年前，商代成汤曾在此建都，史称"亳"。《史记·殷本纪》载："成汤，自契至汤八迁。汤始居亳。"元至正十五年（1355），义军刘福通拥立韩山童之子韩林儿于亳州称帝，国号大宋，改元龙凤，称小明王。亳州山水形胜，涡水环带，河中曾经桅樯如林，舟楫往来繁忙，河水自西北绕向城东，水流平静，景色美丽。自唐代始，亳州因得水运之利，水陆畅通，舟车络绎，商业兴盛，一片繁荣。相传，鼎盛时期，亳州城有 72 条街 360 条巷，各行各业按街分布，百业兴旺，井井有条。亳州城因此留下诸多名胜古迹，主要有：

三国遗迹及建筑。三国时期，因亳州为曹操的故乡，遂诏为陪都，至今城内仍保留着不少当年的历史遗迹。亳州老城下面有古运兵道，又叫曹操运兵道，是中国迄今为止发现的时间最早、规模最大的地下军事战道，故有"地下长城"之誉。地道纵横交错，立体分布，有猫耳洞、掩体、障碍圈、障碍墙、绊腿板、陷阱等军事设施，还有通气孔、传话孔、灯龛等附属设施。据史书载，曹操多次运用地道战术取得战争胜利，他把数量不多的士兵从地道内暗暗送出城外，再从城外开进城内，反复多次，迷惑敌人，出奇制胜。亳州曹公园为曹氏宗族古迹，园内"四孤堆"为曹操宗族墓群，安葬着曹操的祖父曹腾、父亲曹嵩、大女儿曹宪等亲属。墓中曾出土铜缕玉衣、玉枕、金属猪、铜爪饰等文物，墓室内还有壁画，如仕女图、游天图、天象图、仙境图等。丰富的壁画内容让人们对东汉的社会文化有了更直观形象的了解。墓群附近建有三国览胜宫，为仿汉风建筑群。二层魏武堂高 19 米，一层古城堡高 7 米，城堡四周战旗如林，颇为壮观。

商业及文化建筑。花戏楼是亳州著名古建筑景点，凸显于繁华的街巷市井中。花戏楼是山陕会馆的重要组成部分，是一座建于清康熙年间的专供演戏的建筑。整座花戏楼遍饰绚丽鲜艳的彩绘戏文和精美的砖雕、木雕，堪称一件精美的艺术品。

"药都"和"酒乡"。亳州是著名的药材之乡，素有"中华药都"之称，地产药材 130 余种，是全国最大的中药材集散地，最为著名的药材就是芍药。亳州的中药白芍，已有 2000 多年的种植历史，魏文帝曹丕时就有种白芍的记载。明代诗人刘开路过亳州，曾写道："小黄（亳州古时有'小黄'之称）城外芍药花，十里五里升彩霞；花前花后皆人家，家家种花如桑麻。"亳州芍药的优点是粉性足、疗效高，除大量供应国内市场外，还驰誉东南亚各国，年出口达50万公斤。药材之都成就了神医华佗。华佗被称为"外科鼻祖"，是东汉著名的医学家。现坐落在城内永安街的华祖庵就是敬奉华佗的庙宇。庵由庙祠、故居、古药园3个院落组成，陈列有《华佗神方》《华佗遗著》《中藏经》等著作，现已被辟为华佗纪念馆。亳州是中国名酒古井贡酒的产地。古井贡酒是中国老八大名酒之一，早在东汉时期就闻名天下，曹操曾将家乡的"九酝春酒"（古井贡酒的前身）进献汉献帝，此后千余年间它一直是皇室贡品。古井贡酒"色清如水晶，香醇如幽兰，入口甘美醇和，回味经久不息"，被世人誉为"酒中牡丹"。亳州也因此被誉为"酒乡"。

# （二）歙县

美丽的歙县古城，坐落在黄山脚下，曾经落后的交通和连绵的群山阻碍了它与外界的联系，但却造就了世外桃源般的环境。步入古城，秀山丽水与古朴建筑相映成趣，让人感觉既像游走于山水之间，又仿佛走进古典建筑博物馆。歙县位于安徽省南部、新安江上游，身居世界著名风景区黄山南大门，是东至杭州，南往千岛湖，西去瓷都景德镇，北向江城芜湖、铜陵的枢纽。境内群山起伏，河流纵横，气候湿润，物产丰美，有史以来即为新安江上游地区的政治、经济、文化中心，有"东南邹鲁"的美称。秦始皇统一中国后，在此设县，称歙县，隋为歙州。北宋宣和三年（1121），改歙州为徽州，元明清三朝沿用。隋以后的1300多年中，歙县一直是徽州的府治所在地，为皖南首邑，是徽州的政治、经济、文化中心。

南宋时期，都城由开封迁到临安（今杭州）后，紧临临安的歙县成了京畿腹地，经济文化繁荣发展，徽商兴起，理学扎根，形成"官商学一体"的文化体系。明清时期，歙县商人称雄中国商界，足迹遍布全国各地，出现了"无徽不成镇"的局面。

徽商鼎盛之时，大多数歙县商人都回故里购置田地，建住宅，修祠堂，立牌坊，因此留下了今天这一座座大气恢宏的徽派建筑。而且，他们还资助一些文人墨客，过着儒雅的生活。在这种社会背景下，朱熹、毕昇、黄宾虹等一代宗师相继出现，并开创了新安理学、皖汉学派、新安画派、徽派雕刻、徽派书版、徽派雕刻及建筑等独特的"徽派文化"。

悠久的历史、繁荣的经济，使歙县留下了众多名胜遗迹。歙县古城建于明，现保存有南、北谯楼和部分城垣，城内有大量明清民宅、庭园，以及一些明清风格的街巷，古寺院、古桥、古塔更是随处可见。著名的斗山街、陶行知纪念馆、徽园、太白楼、太平桥、新安碑园等历史文化遗存历历在目。

斗山街。位于歙县城内，为明清街巷，因靠近斗山得名。街巷南北延伸，全长约500米，犹如一幅长长的历史画卷。两侧多为清代徽商、仕宦的宅第。斗山街内著名建筑有：杨家大厅，建于清中期，为官宦宅第的前厅；二进三开间楼房，中有屏门；通宽10米，进深24米；大厅前有天井、回廊、轩棚；大门设在前廊左侧，门前左右有青色上马石，门楼砖雕精美。许家厅，建于清初，为私塾。建于清末的汪中恰宅，五开间，有精制的隔屏、窗栏。建于民国初年的潘婉香宅，三进串联，布局上体现了"三世同堂"的理念。建于明洪武二十四年（1391）的叶氏贞节门坊，旌表叶氏节孝，为罕见的木质门坊。建于清顺治七年（1650）的黄氏孝烈坊，旌表黄氏为未婚夫殉节。还有唐代古井蛤蟆井，井于岩石中凿出，水质清醇。斗山街临街面都是山墙，马头墙高低错落，青石街面，门罩精致，保留了徽派街巷清静幽雅的风貌。

徽园。其被誉为"徽州文化大观园"，是在歙县县城中心原徽州府衙相邻处新建的仿古旅游城，气势宏阔，粉墙黛瓦，古朴典雅，再现了徽州城明清时期的风貌。走进徽园，就如同走进了婉约的江南，走进了古朴典雅的徽州古城……

太白楼。此楼为两层楼阁，挑梁飞檐。登楼远望，人们可尽情饱览歙县山光水色、古桥塔影。楼内陈列有历代碑刻、古今名人楹联佳句。相传，唐天宝年间，李白寻访歙县隐士许宣平，结果在练江之畔失之交臂，后人为纪念此事，便在李白饮酒处建起了这座太白楼。

牌坊。除了独特的徽派文化和名胜古迹，歙县还素有"牌坊之乡"的美称。明清时期的牌坊遍及古城各个角落，最著名的当属建于明代的许国石坊和延续明清两朝的棠樾牌坊群。许国石坊耸立于古城闹市中心，是朝廷为旌表少保兼太子太保礼部尚书、武英殿大学士许国而立，为罕见的八脚四面仿木构石坊。坊上雕饰镂刻精美细腻，图案错落有致，疏朗多姿，神态各异。棠樾牌坊群位于歙县城西 6 公里处，7 座牌坊按忠、孝、节、义从村外向村内顺序排列，虽时间跨度长达数百年，却形同一气呵成，浑然一体，令人惊叹。

许国石坊

南谯楼。此楼位于歙县城关，始建于隋末，为汪华吴王府外子城的正门门楼，于北宋末年整修。门楼三重三开间，宽 15 米，进深 10 米，高 20 余米，砖木结构；下为门阙，宽 4.5 米，左右各 13 根永定柱斜倚墙壁，成 10°角；高脊重檐，悬山顶，紫墙青瓦。该楼虽经历代多次维修，但都按原样整修，因此保留有隋唐遗风。门楼带有明显的"阙"的形态，屋顶坡度平缓、不起翘，檐柱升起。唐以前城台均为土夯筑，常用永定柱加固，南谯楼仍保留了这一古老的施工方法。如今，宋以前城门楼实物已无存，南谯楼成为建筑史学的重要实例。

渔梁坝与渔梁街。渔梁位于歙县城南门外练江边。练江为新安江支流，渔梁码头是歙县重要的物资集散地，十分繁华，曾设渔梁镇。渔梁坝是练江中一座滚水石坝，始建于唐，南宋嘉定十四年至绍定二年（1221—1229）重筑。元末明初，坝崩塌，明弘治十四年（1501）重修，此后历代均有维修。坝长138米、宽27米，用条石垒砌而成。它的砌筑法很巧妙：上下层之间用竖石墩插钉，每层条石间用石销连锁。中南段开三道泄水门，北段无水漫泻时可供游人徜徉。渔梁街，俗称梁下。街道沿练江江岸延伸，长约1000米，沿街店面基本保持了明清风格。街道两旁的古建筑有白云禅院、忠护庙、狮子桥、巴慰祖故居、龙船埠、望仙桥等。

# （三）寿 县

寿县是楚文化的故乡、豆腐的发源地、淝水之战的古战场，早在春秋时期，此地就是地方政治、经济、文化的中心。

寿县位于安徽中部，东邻淮南、长丰，南接六安、肥西，西近霍邱，北濒淮河，与凤台相望，是一座具有2500年历史的古城。寿县古称寿春，殷商时是南方诸侯的封地，周代为州来国地。公元前493年，楚昭王攻伐蔡国，蔡昭侯求吴翼护，把国都迁于州来，改称下蔡，寿地属蔡。公元前241年，楚国迁都寿春，改名"郢"，并进行了大规模的城市建设，当时的寿县人口众多，城区面积大，是2000多年前中国最繁华的大都市之一。秦统一中国后，划江淮之间为九江郡，治所设寿春；汉初封王，淮南王刘长建都寿春，公元前122年，淮南国废，复九江郡制；东汉末年，袁术称帝，以寿春为都；东晋末，因避孝武帝后郑阿春讳，改寿春为"寿阳"；隋文帝废郡，改称"寿州"；唐时属淮南道；宋时设寿春府，府城保存至今。

作为楚国故都、淝水之战的古战场，以及楚文化的重地，寿县境内人文荟萃，古迹遍地，出土文物众多，素有"地下博物馆"之称。最具代表性的是"神州第一大塘"安丰塘、保存完好的宋代古城墙、淮南王刘安墓、赵大将军廉颇墓、江淮名刹报恩寺、华东最大的清真寺、道家圣地四顶山、我国"十大趣泉"之一珍珠泉等。

寿县古城

寿县古城墙。古城墙在今寿县县城内，现存部分为南宋嘉定十二年（1219）重筑。古城平面约略为方形。城垣周长6650.8米，垛墙下墙体高7.7米，底宽18～22米，顶宽4～10米。墙体以土夯筑，石基砖壁。城墙四方各设一门，每门都有护门瓮城。寿县城为中原通往江南的要冲。它处颍河下游，傍八公山之阳，临淮水之阴，形势险要，为兵家必争之地。城的地势低洼，时有水灾。筑城时，古人综合考虑了军事防御与防洪双重功能，设有防卫用的马面、敌台，也有排水涵洞，这对军事防卫和缓解洪峰都十分有利，反映了我国古代工匠不凡的技艺与智慧。城墙上独特的"月坝"型防洪设计堪称天下一绝，任凭城外洪水滔天，城内仍安然无恙。因为城内的雨水很快通过内城河经古涵洞流出城外，当城外洪水高于涵洞出水口高度时，月坝内水位跟着涨高而不倒灌入城，还能从月坝水位测出城外水位的高低。700多年中，古城墙经受了战火与洪水的考验。1991年安徽发生特大洪涝灾害，古城被洪水围困50天，城内居民却安然无恙，生活依旧。寿县古城墙为国内现存罕见的宋代古城墙，具有很高的建筑史学价值。

楚幽王墓。它是目前国内发掘的楚墓中规模最大、年代与墓主确切、出土文物最多的侯王墓葬，也是可以认定的唯一一座楚王墓。墓内出土文物

4000余件，包括青铜器1000余件，其中楚大鼎重约400千克，是周代最大最重的鼎，器形巨大，纹饰细腻。

安丰塘。此塘古名"芍陂"，在寿县城南30公里处。塘建于平原之上，四面筑堤，周长二三百里，是春秋中叶楚相孙叔敖集民力所建的水利工程。安丰塘建成之后，纳川吐流，灌田万顷，对楚国的经济繁荣、政权巩固起到了举足轻重的作用，是中国古代著名的水利工程。历经2500多年沧桑，安丰塘至今仍有水面34平方公里，蓄水量1亿立方米，1972年联合国大坝委员会名誉主席托兰先生率海内外专家来考察，称之为"天下第一塘"。

# （四）安庆

安庆旧称怀宁，别称宜城，相传东晋诗人、风水名家郭璞路过此地赞叹道"此地宜城"，故名；南宋绍兴十七年（1147），改舒州德庆军为舒州安庆军，取同安、德庆两地首字合称安庆，"安庆"自此得名（含"平安吉庆"之意）；嘉定十年（1217）始筑安庆城，至今已有800年的历史。安庆位于安徽省西南部，是长江下游段的第一个城市，也是"八百里皖江"的第一个城市，地处皖鄂赣三省交界处，地理位置十分优越。

安庆是安徽省的一座重要城市。清乾隆二十五年（1760）至抗战爆发时的1937年，安庆一直是安徽省省会和全省政治、经济、文化中心，"安徽"之名就是取自"安庆"和"徽州"的首字合称。因为安庆境内有座皖山，又有皖河绕流其间，春秋时期这里是古皖国所在地，所以安徽省简称为"皖"。

城市景观。安庆环境优美，北枕龙山，南临长江，西依皖河，东接石塘，狮子山、凤凰山、菱湖、秦潭湖等镶嵌其间，仿佛一座大园林，因此被评为国家园林城市。城北的大龙山—石塘湖风景区，山景、水景、石景、树景、洞景融为一体，别具特色。城西的陈独秀陵园，林郁山静，幽雅肃穆，令人肃然起敬。城南沿江岸建设的外滩公园、桥头公园绵延近10公里，形成一条靓丽的风景线。安庆市的世太史第、探花第、太平天国英王府等古建筑，保持了典型的明清建筑风貌。特别是历史悠久的菱湖公园与近年建设的莲湖公园、市民公园、大湖风景区已连成一片，为安庆又增添了浓墨重彩的一笔。建于景区内的文化广场、黄梅戏艺术中心、邓石如碑馆、黄梅阁、血衣亭、日本樱花园、徽派盆景园、黄镇纪念馆和科技馆、体育馆、图书馆等建筑物，以及程长庚、邓石如、严凤英、邓稼先、陈延年等塑像，更是为城市增添了厚重的文化氛围。

振风塔。振风塔建于明隆庆四年（1570），据史志记载，当时安庆知府因见城市境内诸山蔚起于西北，而东南方江流一泻千里，认为这是安庆人文不兴之征兆，须在东南方起塔，以振文风，遂建塔，塔成名"振风"。此塔坐落在城东南的迎江寺内，面江而立，是一座7层八角楼阁式建筑，享有"万里长江第一塔"和"过了安庆不说塔"的美称。

禅宗圣地。东汉初年，佛教传入中国，至唐宋年间，禅宗成为中国佛教的主流。中华禅宗开山鼻祖二祖慧可，受达摩心法只身南下司空山，开宗立派，三祖僧璨完成了禅宗的理论体系。至今，安庆境内仍留有二祖禅堂、三祖寺和迎江寺等诸多佛教活动圣地。

三祖禅寺

戏剧之乡。清乾隆年间，发源于皖鄂交界处的采茶调传至安庆市后与本地方言相结合，经严凤英等老一辈艺术家的继承与发扬，逐渐成为蜚声海内外的剧种黄梅戏，后出现了《天仙配》《女驸马》等许多脍炙人口的剧目。清乾隆年间，安庆四大徽班进京演出，深受人们喜爱。徽班领袖程长庚还博采昆曲、汉调等剧种之长，创造了国粹艺术京剧，被誉为"京剧鼻祖"。

人文渊薮。安庆是孔雀东南飞、大乔小乔、不越雷池一步等著名故事的发生地，是统治中国文坛近 300 年的"桐城派"的诞生地，也是中国新文化运动先驱、中国共产党创始人陈独秀，京剧鼻祖程长庚，书法篆刻家邓石如，章回小说家张恨水，黄梅戏表演艺术家严凤英，两弹元勋邓稼先，将军外交家黄镇等杰出人物的故乡。古皖文化、禅宗文化、戏剧文化和桐城派文化在这里交相辉映，形成了独具特色的安庆文化。

# （五）绩溪

历史文化名城绩溪，地处"徽宁之脊"，西天目山山脉和黄山山脉交汇于此，为长江水系和钱塘江水系的分水岭。境内多山，溪流纵横，山明水秀，植被丰盛，森林覆盖率为 75.4%。绩溪是联合国绿色产业示范区、国家生态示范区、生态省建设示范县。因境内徽溪、乳溪相距 1 里并流，离而复合，回转屈曲，犹如"纺绩"，而得名"绩溪"。绩溪物产丰富，"邑小士多，代有名人"。绩溪是徽商故里，是徽菜、徽墨、徽剧的发源地，素有"徽厨之乡""徽墨之乡""蚕桑之乡"之称。徽菜、徽墨是绩溪的亮丽名片，胡雪岩、胡适是绩溪名人代表。

绩溪，古建遗存众多。徽派古村落、古民居遍布城乡，砖、木、石三雕精妙绝伦，保存有完整的明清古遗址 300 余处，堪称徽州古建博物馆。绩溪文化氛围浓厚，胜景遍地，古迹众多，人文景观与自然景观十分丰富。清凉峰、小九华、大会山风光绮丽，古冯村、棋盘村、江南第一关景色宜人。龙川胡氏宗祠、奕世尚书坊、太平天国壁画、霞间古窑址等分别被列为国家级和省级文物保护单位；大坑口—湖村—磕头、上庄—旺川—冯村等两个省级历史文化保护区被古建筑专家誉为明清建筑博览馆。

书院名士。徽州号称"东南邹鲁","十户之村，不废诵读"，而"邑小士多，绩溪为最"，皆因绩溪人对文化教育的重视。北宋景德四年（1007），绩溪人首建书院——桂枝书院，这不仅是绩溪历史上第一个书院，也是安徽省最早的书院。北宋元丰年间，"唐宋八大家"之一的苏辙知绩溪县事，在他的倡导下，绩溪文风蔚起，书院大兴，社学和私塾也纷纷建立。此后，邑人对文化的追求经久不衰，明代全县书院有57所，居省内前列。清光绪年间，邑人首建毓才坊女校，开创安徽女子学校的先河。重视教育的结果必然是人才辈出，文化氛围日深，人文荟萃，名士如林。绩溪的历代名人有隋末农民起义领袖汪华，唐代神策将军汪节，宋代文学大家胡仔、名臣胡舜陟，元代诗人舒頔，明代户部尚书胡富、工部尚书胡松、兵部尚书胡宗宪，清代宦海"三奇士"邵绮园、程秉钊、胡铁花，还有两大墨家、一代巨贾和礼学"三胡"。近代名人首推国学大师、五四运动的先驱胡适，还有图书馆学家洪范五，古典小说标点创始人汪原放，作家章衣萍，建筑学家程士范，特等功臣、一级战斗英雄许家朋，诗人汪静之，出版家汪孟邹、王子野等。

绩溪文庙。文庙坐落在绩溪县城内北大街西侧，始建于北宋庆历四年（1044），其规制成形于明代正德年间，此后历代均有不同规模的重修。现存的文庙建筑——泮池浮桥、东西两庑、大成殿为清乾隆年间所建，是一组具有较高历史、艺术、科学价值的古建筑群。文庙以南北向为中轴线，呈东西对称布局，由南至北依次是庙门、棂星门、泮宫坊、泮池浮桥、戟门、露台、东西两庑、大成殿。面阔38.55米，进深172.45米，占地面积6647.95平方米。绩溪文庙现为安徽省重点文物保护单位。

龙川胡氏宗祠。其位于绩溪坑口村。据历史记载，村前有龙须山，村中有一条小溪（当地人称"溪"为"川"）穿村而过，古称龙川。后人认为，小溪（又称"坑"）出口流入登源大河，故改为坑口。龙川胡氏宗祠始建于宋，明嘉靖年间大修，坐北朝南，前后三进，由影壁、平台、门楼、庭院、廊庑、尚堂、厢房、寝室、特祭祠等九大部分组成。宗祠采用中轴线东西对称布局的建筑手法。宗祠的木刻花雕独树一帜，形成自有的艺术风格，可谓木雕艺术的一颗"明珠"，被誉为"古祠一绝"。木雕基本分布于门楼、正厅

绩溪文庙棂星门

落地窗门、梁勾梁托和后进窗门等处，均以龙凤吉祥、历史戏文、山水花鸟、优美境地等画面为立意构图。花雕采用浮雕、镂空雕和线刻相结合的技艺手法，图案活灵活现、栩栩如生。龙川胡氏宗祠为全国重点文物保护单位。

龙川奕世尚书坊。该坊是明嘉靖年间朝廷为户部尚书胡富和兵部尚书胡宗宪而立。胡富是明成化十四年戊戌科进士（1478），胡宗宪是明嘉靖十七年戊戌科进士（1538），两人刚好相隔 60 年荣登金榜，且先后任尚书，故称"奕世"。牌坊高大威严，以石雕技艺精美著称。牌坊的梁、柱、枋、抱鼓石等主体构件都用花岗岩制作；屋面、斗栱、雀替、匾额、花板等装饰用茶园石雕刻而成。画面图案主要有"瑞鹤翔云""鲲鹏展翅""二龙戏珠""双狮滚球"。工艺上兼用半圆雕、浮雕、透雕手法，层次丰富，虚实对比强烈。匠人们技艺高超，所雕奇禽异兽，栩栩如生。龙川奕世尚书坊，堪称徽州小品建筑的瑰宝。

许氏宗祠及听泉楼。二者均位于家朋乡磡头村（古名"云川"）。许氏宗祠，始建于明洪武年间。宗祠中进为享堂，面阔 7 间，进深 4 间，占地面积约 300 多平方米，抬梁式硬山顶。许氏宗祠梁柱构架特别粗硕，显得圆浑朴拙，与梁架间雀替、梁柁、斗栱、叉手等装饰雕琢构件融为一体，显得古韵浓郁。听泉楼，明嘉靖三十五年（1556）建，清道光十七年（1837）毁于洪水，咸丰九年（1859）重修。楼跨街临溪，平面长方形，占地 17 平方米；木结构，雀替、驼峰、斜撑均有雕饰；东靠许氏宗祠，三面凌空。楼下东西置美人靠，有梯登楼，歇山式顶，飞檐出挑，檐牙高啄，腾蛟起凤，角悬铃铎，铃声随风向而易，可预测天气变化。楼上除东向外，三面装槅扇窗。临溪檐下悬"听泉"匾额，并书县令王峻《听泉楼记》。楼上楼下，凭栏眺望，泉声铃声，交汇于耳畔，故听泉楼又名"玉泉鸣珮"，为古"云川八景"之一。听泉楼现为安徽省重点文物保护单位。

冯村进士坊。该石坊位于浩寨乡冯村内槐溪河岸，明成化十五年（1479）为旌表进士冯瑢而立。石坊高 8 米，宽 8.2 米，进深 2.5 米，为四柱三门五楼式建筑，通体采用质地坚硬的麻石花岗岩制成。一楼明间月梁厚实粗壮，梁长 3.13 米，梁上饰双狮戏球浮雕；次间月梁双面为马鹿浮雕，并用浮雕云纹雀替承托。二楼平板梁衔接处以镂空如意漏窗栱托。明间额枋两面刻有"进士第" 3 个大字。整个楼层两面各有 8 个斗栱支托顶端流檐飞脊，脊头伸出鳌鱼翘尾。石坊总体造型简朴严谨，布局合理，左右对称，历经数百年仍完好无损，为古徽州石构建筑珍品之一，也是绩溪县现存最古老的石坊建筑，为安徽省重点文物保护单位。

周氏宗祠。该祠始建于明代嘉靖年间，清乾隆三十四年至四十一年（1769—1776）曾扩建大修，1994 年又重修，现存建筑面积为 1200 平方米。它由影壁、门楼、回廊、庭院、正厅、厢房及后进奉先楼七大部分构成（奉先楼于"文革"期间拆除，不存）。门楼为重檐歇山式屋顶，8 只巨大戗角腾空四射，大小鸱吻相视无言，脊部花砖透雕竖砌，无数脊兽昂首站立，使周氏宗祠显得格外古雅、壮观。周氏宗祠为安徽省重点文物保护单位，现已辟为"三雕博物馆"。

胡适故居。其位于绩溪县上庄镇上庄村，清光绪二十三年（1897）建，是一座典型的晚清徽派建筑，占地面积 1100 多平方米。故居的大门前有一个宽敞的用鹅卵石铺成的院落。故居的大门用水磨青砖净缝砌筑，门的上方有 4

块砖雕装嵌，五飞砖之上是瓦顶，东西两端发戗翼腾，线条明快活泼。前檐墙的檐下两角，用墨、赭两色绘以山水花鸟，简洁雅致。故居内部装饰以隔扇、窗栏、撑栱和雀替为主。与一般民居不同的是隔扇、窗栏的兰蕙图采用平地阴刻技法。故居分前后两进，中以户牖相隔。当年，胡适和母亲冯顺弟便住在前堂西房，与西房相通的厢房是胡适念书的书房。胡适故居为安徽省重点文物保护单位。

胡适故居兰花窗栏板

太平军攻城图壁画。壁画位于绩溪县旺川村曹氏支祠内，画在白色墙面上，用线描不着色，分为 7 幅。门内左侧壁主要部分画太平军攻城图，攻城部队从左向右行军，前面高扬"粤东同义"大旗，后跟"太平天国"长旗和"龙"旗（即帅旗），左旁有大黑旗两面，分写"炮""队"二字，有二人骑马，手执令旗，指挥作战。先头部队架登云梯，右梯上太平军已爬上顶端，清军用长矛下刺，正展开肉搏；左梯上太平军已胜利登城，砍下清军人头一颗，坠落城下，另一清朝官员长跪乞降。北门大开，百姓纷纷外出投奔太平军。此画可能是 1860 年太平军首次攻克旌德县城的写真。右侧前面部分画行军图，前边两人作奏乐状，后有军旗，旗后隐约有军士。最后部分仅能看出画有一塔及一人。该壁画为安徽省重点文物保护单位。

绩溪县城内五教堂、湖村"中华门楼巷"、胡宗宪尚书府等，也是绩溪的古建明珠。

# （六）凤阳明中都城

明中都故皇城，在凤阳县城西北隅凤凰山之阳。明建国初，朱元璋曾决定以应天为南京，开封为北京，攻占了元大都后，由于政治形势有了很大变化，又确定以临濠（今凤阳县）为中都，认为"临濠前江后淮，以险可恃，以水可漕"，而开封"民生凋敝，水陆转运艰辛"（《明史·太祖本纪》）。实际上，这其中还有个重要原因，即凤阳是朱元璋的故乡。中都营建从洪武二年至八年（1369—1375）连续不断地进行了6年，后因"劳费"等缘由停建。

明洪武二年（1369），太祖朱元璋下诏，"取中天下而立，定四海之民"，以其发祥之地凤阳为中都，建置城池宫阙如京师之制。整个中都城及其周围地区是统一规划的，城南有皇陵，城北有十王四妃坟，规模十分宏大。中都城内有宫城、皇城、中都城三道城。最里为大内（紫禁城），周6里，高4丈5尺4寸，有四门，各门有门楼，四角有角楼。皇城周13.5里，砖石修垒，高2丈，开四门。外为中都城，周25里，以皇城为中心，将东西相连的日精峰、万岁山、凤凰山、月华峰围合在内。因山筑城，土筑墙高3丈，周50里又443步。中都城呈扁方形，西南出一角如凤凰嘴，共开九门。中都的宫殿及城内设施的布置大多与南京吴王宫室相仿，由于不受地形及原有建筑影响，所以更为规整。中都城内的重要建筑除宫殿外，其他如太庙、太社稷、中书省、大都督府、钟楼、鼓楼、城隍庙和功臣庙，都是左右对称布局。特别是中都午门以南，从洪武门开始的千步廊，大明门至午门长达3里多的御道两侧布置了门阙、御桥、左右两翼、文武官署、太庙、太社等，充分运用了中轴对称的布局手法。在定中都城基时，这里就规划了街坊，据史料记载，设28街、104坊，且各有名称，后因罢建没有形成，但在皇城内外修筑了考究的白玉石大街，建设了下水道，其他地区只有一些土路。清康熙时，诗人张宣登中都鼓楼赋诗："飞甍画栋连空起，濠梁城外月如水。踏春人踞最高巅，灯光散落千门里。"《中都志》称："规制之盛，实冠天下。"它是我国古代最豪华侈丽的都城建筑之一，在艺术上继承了宋元时代的传统，又开创了明清时代的新风格，在古代都城建筑发展史上占有重要地位。明亡后，内城建筑基本完好，清康熙六年（1667）凤阳县治移于内。此后历经沧桑，中都城毁坏，现仅存残破的西华门、午门及970米长的一段城墙。

明中都建设，显示出中国城市规划思想历经千载摸索已相当成熟，并为其后的明北京紫禁城改建扩建提供了参照。现存宫阙残迹反映出，中国古建筑木作、瓦作、石作、雕作等技艺到明代已发展到了炉火纯青的地步。明中都故皇城已于1982年列入全国重点文物保护单位。

# 二、名村建筑

## （一）歙县雄村

雄村位于歙县城南6公里处新安江畔，兴盛于明清。江畔原有"桃花坝"，花开时节，现"十里红云"景观。现村中古迹有竹山书院、四世一品坊、大中丞坊、宋二公墓道坊、慈光庵等。竹山书院建于清乾隆二十年至二十四年（1755—1759），有清旷轩、文昌阁、百花头上楼、北楼、牡丹圃等建筑。清旷轩，又称桂花厅，因轩前庭院植20余株桂树得名。文昌阁是3层楼阁，砖木结构，八边形平面，俗称"八角亭"，锡制宝顶，飞檐翘角。竹山书院布局小巧而得体，在很狭小的空间里做到曲径通幽、趣味盎然，为徽派园林的经典之

竹山书院文昌阁

作。四世一品坊，建于清乾隆年间，三间四柱三楼冲天柱式，仿木结构；字匾上刻有"四世一品"四字，因曹文埴（1736—1798）官至户部尚书，位及一品，且其父、祖、曾祖也诰赠一品官衔，故名；后曹文埴之子曹振镛（1755—1835）官及工部尚书等职，有"父子尚书"之誉。大中丞坊，建于清乾隆二十七年（1762），亦为三间四柱三楼冲天柱式。

# （二）徽州区呈坎村

呈坎村位于黄山市徽州区，是朱熹眼中的"江南第一村"。该村布局则依据"阴阳八卦"，"呈"现"坎"卦村落格局。据清代罗兴《呈坎沿革》介绍："呈坎地属歙县，原名龙溪。在隋时为荒壤，至唐末始草创为村，改曰呈坎。"《罗氏族谱》中也记载："豫章（今南昌）柏林罗氏堂兄弟天秩（号秋隐）、天真（号文昌）于唐末迁居金陵之鸡公山。相传长春山有炼丹台遗址，天尊曾炼丹于此。天秩、天真公深明堪舆之学，察其地，众水环抱，丰山挺秀，知后必能兴旺，于是定居下来，并改村名龙溪为'呈坎'。"

呈坎水口园林

呈坎位于 8 座小山环抱之中，山与山似连非连，形似八卦的 8 个方位。它们分别是东面灵金山、峰山，西有龙山、鲤王山，南临观音山、马鞍山，北靠葛山、长春山等 8 座山峰，不规则地分布于呈坎四周。而山与山之间则有梯田连接，地形呈八卦之坎卦。整个呈坎村就在八座山一条河的盆地中。

明代中叶，罗氏先人还对古村和潨川河进行了大规模的治理，"前面河、中间圳、后面沟"。"河"指潨川河，两岸有石坝护住村庄和农田；"圳"指从环秀桥上游开始走街串户，到村南复又注入潨川河的水渠；"沟"指在村北引西边坑水沿后街而流，最后注入中间的圳的小水渠。这种格局使古村完全处在"枕山、环水、面屏"的理想空间模式之中。整个村落选址布局，按《易经》"阴"（坎）、"阳"（呈），二气谐调，天人合一，得天地生气，成八卦风水气场，巧借山水形势，将村落规划成 2 圳 3 街 99 巷，宛如迷宫。

据该村《罗氏族谱》记载，罗氏始祖避唐末之乱，自江西迁此。据此可知，它已有千年以上历史。呈坎是罕见的徽州文化古村，宋代理学家朱熹有"呈坎双贤里，江南第一村"之誉。目前，村中仍保留有明代建筑 30 多幢，清代建筑 100 多幢。其中，宝纶阁系以珍藏历代皇帝赐罗氏家族的诰命诏书等恩旨纶音得名（详见后文所述）。罗润坤、罗来龙宅建于明嘉靖年间，结构保留了明中期民居的诸多特点。长春社始建于元，明清虽屡经修葺，仍保留若干宋元作法，梭柱、月梁用料硕大，雕饰古朴。罗光荣宅为明代宅第，它的雕花替木、芦苇墙、云头霸王拳等很有特色。村中还有隆兴桥、环秀桥等古桥，水口古树苍郁，桥亭翼然；村内长街短巷，纵横交错，高墙低檐，穿插揖让，给人以自然亲切、古韵依然的印象。

# （三）徽州区唐模村

唐模村位于黄山市徽州区，毗邻歙县棠樾牌坊群。这里紫霞西耸，飞布（山）东横，天马南驰，灵金北倚，处于众山环抱之中。檀干溪穿村而过，全村夹岸而居，远山近水，风物宜人，幽情古趣，独特罕见。景区以其千年古樟之茂，中街流水之美，"十桥九貌"之胜及"一村三翰林"之誉而闻名中外，有徽派园林檀干园（孝子湖）、水口、水街、镜亭、同胞翰林坊、沙堤亭、高阳桥等省级文物保护单位，以及祠堂群、千年银杏、古井、明代石刻雕像和宋、元、明、清朝的"苏、黄、米、蔡"等18位名家真迹碑刻等古迹。恬静的田园风光和古朴的人文景观相得益彰，在徽派园林中独树一帜。

檀干园。忠君铸就了唐模，尽孝则成就了名闻遐迩的檀干园。相传，清初唐模许氏有一位富商在苏浙皖赣一带经营36爿当铺，时称三十六典。其母想去杭州西湖游览，苦于山高路远、年老体衰，不便成行。于是，这位孝子不惜巨资在村边挖塘垒坝，模拟西湖景致修筑亭台楼阁、水榭长桥，湖堤遍植花木，供母娱乐，并报答乡邻相助之恩。田园内种有檀花，又有一泓小溪缓缓绕流，取《诗经》"坎坎伐檀兮，置之河之干兮"之意而名曰"檀干园"。檀干园边有一棵已有400多年的古树，树端下部中空，犹如一位历经沧桑的老人在张口凝目，电视剧《天仙配》中为七仙女和董永开口做媒的槐荫树就是在此取景的。

沙堤亭。亭建于清康熙年间，形式独特，亭分上下两层，上层中空，四边有虚阁，八角飞檐上各悬铁马飞铃，微风吹动，叮当作响。从不同角度看，沙堤亭每个平面均为八角，故又名"八角亭"。

同胞翰林牌坊。由沙堤亭前行便可到同胞翰林石坊，它是为纪念清康熙钦点许承宣、许承家兄弟俩同入翰林而建，因工丽典雅、雕刻精美，被誉为唐模的门户和象征。

高阳桥。唐模多桥，十桥九貌，各不相同，各有其名，如蜈蚣桥、五福桥、灵官桥、义合桥、高阳桥、四季桥、垂胜桥、戏坦桥、三石桥、石头桥。高阳桥为唐模水街10座石桥之主桥，位居中间。桥为石质，双孔，建于清雍正年间。桥拱长7米，高3米，桥面建五开间小殿。梁、柱、檐、拱按明式桥梁风格建筑。桥面面积60多平方米。东面竖一排青石精雕栏杆，有1米宽人行道，桥面铺就很平整的地蒙砖，西边檐下是蓝底金字"高阳桥"木匾，匾的两边挂有木质楹联："南海岸来一瓶甘露，高阳桥渡千载行人。"正脊上中央处有圆锥形锡质饰顶，银光耀眼，很是壮观。这座桥是仿歙县许村高阳桥而建，因为唐模许姓是南宋淳祐五年（1245）由许村分支而来，以此表示不忘祖宗之意。

水街。唐模水街，具有浓郁的徽州地方特色和江南水乡色彩，中外游人无不交口称赞。村西"筠溪"和"上川"汇合后形成檀干溪，自西向东横贯全村，两岸分布着近百幢徽派民居，并形成夹河而建的街道市井。街上杂货店、百货店、油坊一应俱全。沿街筑有 40 余米长的廊棚，廊下临河设有"美人靠"，供人歇息聊天。映入眼帘的还有衣袖上卷、在溪埠浣洗的村姑的倩影，她们用当地方言的喁喁细语，捣衣声清脆入耳。"千门万户捣衣声"的意境，于今已十分难寻。闻之真如置身于明清街市，顿感古韵悠悠，乡情淳浓。

# （四）歙县许村

许村坐落于歙县县城西北 20 公里处，地处黄山主脉箬岭南麓，曾名"昉溪源""任公村"。唐末，许氏迁居于此，繁衍成大族，遂更名许村。明清时期，由于徽商兴盛发达，村落建设迅速发展，至今仍保存有元、明、清和民国时期的古建筑 100 余座。著名的有高阳廊桥、大观亭、五马坊、双寿承恩坊、观察第、大邦伯祠、大墓祠、大宅祠、许社林宅、许声远宅、许有章宅等。1996 年，许村整体申报成为省级历史文化保护区。2006 年，许村古建筑群（15 处）被评为国家重点文物保护单位。

许村源于东汉，古称富资里。南朝梁时，新安太守任昉看中当地风水，辞官归隐于此，村名遂更为"昉溪"。唐朝末年，户部尚书许儒为避战乱，徙居于此，嗣后人丁兴旺，改名"许村"，明代大学士许国、清朝末代翰林许承尧均是许村后裔。宋仁宗钦赐为国捐资的许克复为"大宅世家"。宋王安石为《古歙许氏宗谱传》作序。许村历史上先后共出进士 48 人，为徽州古村落之最。南宋以后，徽商崛起，许村依托安庆府和徽州府之间的徽安古道迅速繁荣，至明清时达到顶峰。近代以来，许村继承和发扬优良的教育传统，出现了"一门五博士""四院士"的盛况，为共和国贡献了一大批人才，成为闻名遐迩的中华古村落典型。

双寿承恩坊与大观亭

　　许村村落采用传统的"风水"理论，整个布局保留着"临水而建，双龙戏珠，倒水葫芦"的基本风水格局。辉煌的历史为许村留下了一大批保存完好的明清古建筑。这些古建筑种类多样，布局严谨，工艺精湛，在建筑、历史、学术、环境、人类学等方面具有很高的价值。许村人文荟萃，李白赞其"十里沙滩水中流，东西石壁秀而幽"，王安石、文天祥、朱熹、董其昌等也都留下了颂赞许村的诗文。

　　高阳桥。高阳桥为风雨廊桥，位于许村中部，横跨昉溪之上，始建于元代，由许村人、处士许友山建，初为双孔石墩木桥，明弘治年间改建为石拱桥，嘉靖三十六年（1557）增建桥廊，清康熙五十八年（1719）再修，基本形成现在的模样。桥身石砌两孔，拱券弧线舒缓，两孔间桥墩迎水面亦砌分水尖。桥身上覆粉墙黛瓦廊屋 7 间，屋顶呈中间高、两侧低的"官帽形"，两壁各辟异形花窗若干，为稍显呆板的廊屋增添了几分俏皮。桥廊两侧置有长长的坐凳，中部南侧辟有神龛，顶部施彩绘。神龛供观音菩萨，上有"安镇长流"匾额一块，两边楹额为"南海岸来一瓶甘露，高阳桥渡千载行人"。

# （五）黟县西递村

西递村，位于黟县东隅西递镇。该村建于北宋皇祐年间，鼎盛于清代中叶。因村中溪水向西流，原名西溪、西川。后村中设驿站"递铺"，改名西递。

西递村口胡文光刺史坊

村中尚存胡文光刺史坊和清代民居 122 幢。坐落于村口的胡文光刺史坊，建于明万历六年（1578），三间四柱五楼仿木结构，通体用质地坚硬细腻的石料"黟县青"，雕饰不仅精美古朴，也因采用高浮雕配以漏窗，层次丰富。民居均为砖木石结构楼房，以马头墙、小青瓦装饰。门楼砖雕多为八仙、财神、寿星、松鹤、花鸟等，具有浓郁的乡土气息。屋前或屋后多有小庭院，鹅卵石铺地，筑以假山、鱼池和花台，形态各异的漏窗丰富了景观。其中，敬爱堂，始建于明万历年间，清代重建，是保存完整的大型古祠堂；大夫第，建于清康熙三十年（1691），正厅为四合院二楼结构，厅左侧利用隙地建有临街彩楼，飞檐翘角，窗扉栏杆玲珑剔透；履福堂，建于清康熙年间，陈设典雅，四壁挂楹联、画轴，充满书卷气；走马楼，建于清道光年间，实际上是一种楼阁式长廊，用于登临观赏，是为当时宰相曹振镛到西递会亲而赶建；西园，是清道光年间知府胡文照宅园，精巧幽深，为徽派园林经典；桃李园，建于清咸丰年间，三间二进二楼，为秀才胡允明教书授业的私塾。

西递村从多角度展示了清代民居建筑艺术特征，被誉为"清代中叶民居博物馆"。

## （六）黟县宏村

宏村，位于黟县城北宏村镇，南宋绍熙年间始建，鼎盛于明清。村内尚存明代建筑 1 幢，清代建筑 132 幢。其中承志堂，建于清咸丰年间，是清末大盐商汪定贵府第。它围绕 9 个天井，布置了厅堂、书房、厢房、回廊等，建筑面积达 3000 平方米。承志堂中最具艺术价值的首推它的木雕。细腻流畅的雕工，显示了清末高超的木雕工艺水平、浓郁的生活气息，而这些正是以龙凤为主题的宫廷雕刻所缺少的，代表作品有"宴官图""渔樵耕读""跳加冠图""三国演义戏文"等。此外，南湖书院、桃园居观景楼、树人堂、德义堂、碧园等民居庭院，各具特色。

宏村承志堂木雕

　　宏村称绝之处，还在于其独具匠心的牛形村落规划。这一规划，过去曾附会于风水术，今天又有人热衷于以"仿生学"包装。究竟其中有多少科学道理还有待考证，但它完善的人工水系却是不争的事实。全村以正街为中心，北围月塘，南附南湖，一条近1米宽的清澈水渠流经各户，使得"浣汲未妨溪路远，家家门前有清泉"。这条人工水系既为生活用水提供了方便，调节了气温，也极大地美化了环境，从作为村落景观核心要素的月塘、南湖，到村民家中开掘的鱼池、庭院，都得益于此。

# （七）黟县南屏村

　　南屏村，坐落于黟县西武乡，坐南朝北，背依淋沥山、南屏山、金竹山。三座山似一道绿色的屏风高耸入云，郁郁葱葱，秀丽怡人。村庄面朝阡陌平川，秧绿水浅，鸡鸣桑林；武陵溪自西向东似一条玉带缓缓绕村而行。南屏村始建于宋，鼎盛于清中叶，为叶姓、程姓、李姓聚居地，曾名叶村，后因背倚南屏山，易名南屏至今。南屏村祠堂多、巷弄多、古井多，现存古祠堂、宅第等300余幢，巷弄72条，水井36眼，大多建于清代。其中，叶氏支祠叶奎光堂，建于明弘治年间，清雍正十年（1732）改建门楼，乾隆五十二年（1787）重修。叶氏宗祠叙秩堂，始建于明成化年间，清嘉庆三年（1798）重修。两祠宏阔、结构相近，有多种装饰性斗栱。清代府第慎思堂，木雕精美，室内陈设雅致。清末宅第孝思楼，又名"小洋楼"，吸收了西方文艺复兴府邸的建筑语汇，立面由一系列拱形窗和窗楣山花控制，是清末西方建筑东渐的实例，有很高的建筑史学价值。

南屏村叶氏支祠

南屏村整体上保留了明清徽州村落的风貌。武陵溪之上，西有古筑桥，东有万松桥。古筑桥位于古筑村口，是座单孔石桥，桥拱顶部东西两面分别镌刻有"古筑桥""武溪流霞"石刻大字，桥体完整如初。万松桥位于南屏村水口万松林之北，是座三孔石桥，长36米，宽4米，高5米，始建于清嘉庆七年（1802），历时5年而成。清著名散文家、教育家、桐城学派主要代表人物姚鼐，为万松桥作记。南屏水口昔日还有雷祖庙、文昌阁、观音楼、万松亭等古建筑群和一泓清泉。古祠、古宅、古庵、古桥、古泉、古井……使得南屏村成为著名的"影视村"。导演张艺谋在此拍下了电影《菊豆》几乎全部的镜头。随后，影视剧《大转折》《复活的罪恶》《徽商》《卧虎藏龙》等相继在南屏村拍摄，使南屏村有了"中国影视第一村"的美誉。

# （八）黟县屏山村

屏山村，地处黟县县城东北约4公里的屏风山和吉阳山的山麓，位于世界文化遗产西递、宏村之间。该村是舒姓聚居地，唐宋时称"长宁里"；后因村北有山状如屏风，易名"屏山村"；又因明清建制曾属徽州府黟县九都，故也称"九都舒村"。吉阳溪九曲十弯，穿村而过，青砖灰瓦的民居祠堂和前店后铺的商铺夹岸而建；10余座各具特色的石桥横跨溪上，构成江南水乡"小桥流水人家"特有的风韵。

屏山村民居

舒姓是伏羲九世孙叔子的后裔，唐末由庐江迁居长宁里，至今已有千年历史。屏风山阳之水与吉阳山阴之水汇合，蜿蜒贯村而过；村头水口的长宁湖积水聚财，与红庙、华佗井等古迹阴阳调和，有平静长宁之寓意，是中国古代风水学说的典型案例。村内保存有光裕堂、成道堂等7座祠堂，其中舒庆余堂是中国皖南少有的明代宗族祠堂。

该村存有明清民居200余幢，还有三姑庙、御前侍卫贴墙牌坊、长宁湖、舒绣文故居、玉兰庭、葫芦井、小绣楼等名胜古迹。春风细雨，桃花水涨；夏日纳凉，柳垂杨郁；秋夜赏月，水映桥动；冬季踏雪，竹翠笋萌。在中国桃花源——黟县这块古老的土地上，素有"小桥流水，田园人家"美称的九都舒村，以其独特的风水村落特色和悠久的古黟风情历史，向世人展示着无穷的魅力。

# （九）绩溪县龙川村

龙川，又称坑口，距绩溪县城约10公里，是一个古老的徽州村落。由于特殊的地理环境和绵长的历史文化渊源，这里形成了独特的自然和人文景观，现为安徽省历史文化保护区。龙川，不仅历史悠久，而且山环水绕，景色秀丽。龙川村地形如靠岸之船，东耸龙须山，紧依登源河，南有龙川汇集，西偎凤冠秀峰，北峙崇山峻岭，独具特色。东晋散骑常侍胡焱镇守歙州，爱其风水胜迹，于东晋咸康三年（337）举家迁于此。

龙川不仅山水清丽，自古也是文风昌盛、人才荟萃之地。龙川胡氏代有人才，是徽州出名的"进士村"。尤其到了明代，该村发展到了一个鼎盛时期，曾有10多人中进士，其中最著名的是明成化十四年（1478）中戊戌科进士、官至太子少保和南京户部尚书的胡富，以及60年后明嘉靖十七年（1538）中戊戌科进士、官至太子太保兼兵部尚书的胡宗宪。村内现有"龙川胡氏宗祠""奕世尚书坊""徽商胡炳衡宅"和"胡宗宪尚书府"等建筑遗存。村东的龙须山，因盛产造纸原料龙须草而得名。山中多奇松怪石、珍禽异兽，山岭陡峭，古道崎岖，飞瀑流泉。山上有龙台悬岩、石门洞天、仙人石屋、云崖石梯，西峰山腰有龙峰禅院、古樵庵，西麓有山间庵、宗宪墓、胡富墓等遗址，是文化旅游、生态旅游和宗教旅游的绝好去处。

龙川胡氏宗祠始建于宋，明嘉靖年间大修。龙川胡氏宗祠坐北朝南，前后三进，由影壁、露台、门楼、庭院、廊庑、享堂、厢房、寝室、丁氏特祭祠等九大部分组成。宗祠采用中轴线东西对称布局的建筑手法，气势磅礴，蔚为壮观。祠堂的木雕技艺独树一帜。古祠正厅由14根直径166厘米的银杏树圆柱支撑，木构壮硕华美，柱基采用枣木刻成莲花瓣托。厅中大小54根冬瓜梁，结构为抬梁和穿斗式相结合，显得威武壮观。正厅的每根屋梁两端皆有椭圆形梁托，梁托上雕刻着彩云、飘带，中间分别镂成龙、凤、虎图案，檩上镶嵌片片花雕，连梁钩也刻有蟠龙、孔雀、水仙花、万年青等花纹，玲珑别致。正厅两侧和上首的花雕更是别具一格。正厅两侧各10扇落地窗门，以"出淤泥而不染"的荷花为主体图案，其花形千姿百态，有的含苞待放、菡萏初绽，有的亭亭玉立、随风招展，有的平铺水面、舒展如画，无一雷同。更惹人怜爱的是花中有物，物中有景。荷花在池水中荡漾，或微波粼粼，或浪花朵朵。花群之中，有鸟翔蓝天，鱼潜水底，鸭戏碧波；还有蛙跃荷塘，鸳鸯交颈，把整个荷群画面描绘得生动逼真、妙趣横生……正厅上首一排落地窗门的花雕是一幅"百鹿图"，各种形态的梅花鹿在这里自由生活，或悠悠漫步，或受惊疾奔；或回眸招侣，或仰首呦鸣；或饮水溪畔，或口衔灵芝；或幼鹿吮乳，或母鹿抚舐，绘声绘色，惟妙惟肖。古祠后进，是雕刻花瓶的世界。六角、八角、半圆、菱形、大口、长颈等各种形状的花瓶，做工细致，精致典雅。瓶口刻有四季花卉，如梅、兰、竹、菊、牡丹、玉簪、海棠……繁花似锦，皆是木雕精品。

正厅东侧，为副祠"丁氏特祭祠"，结构仅有上下堂，高度仅为正祠一半，木雕简陋，风格素朴。传说，龙川呈船形，全村人原本都姓胡，而船在大海中行驶如果没有铁锚就无法停航靠港，故胡氏族人从外村请来一位丁姓居民来此护祠，"丁"字好比铁锚把大船钉住，就稳当了。

胡宗宪尚书府。占地3000平方米的尚书府，如同一个小社会，从善堂、官厅、梅林亭、胡氏家井、绣楼、徽戏园，到松公家祠、文昌阁、蒙童馆、土地庙、医馆等一应俱全，组成一个巷弄阡陌、四通八达的迷宫豪宅。这里粉墙黛瓦，绿水环绕，如诗如画……尚书府鼎盛时期，曾七世同堂，族人足不出户就可以上私塾、看大戏、请郎中、祭祖拜佛……可以说，尚书府是整个古徽州迄今保存最为完整、气势最为雄伟、结构最为复杂的明代建筑群，也是古徽州最具代表性的官宦豪宅。

# （十） 绩溪县石家村

石家村，又名"棋盘村"，位于绩溪西部，距县城约34公里，距上庄约5公里。村中的石氏宗族是北宋开国功臣石守信的后裔，在明代，石氏家人也曾立下汗马功劳。该村建于明初，始祖石荣禄为安葬其父，求访风水之地。当其途经此地时见风水颇佳，于是葬父庐墓于此。后来，此地逐渐形成颇具规模的村落。

村子背倚旺山，面朝桃花溪，坐南向北。据说，因为石氏起源于甘肃武

石家村魁星阁与南山桥

威，如此布局是为了不忘北方的故乡。村中遍植石榴树，是取一个"石"字来纪念祖先。更有趣的是，全村为棋盘式布局，相传是因为石家以战功起家，所以村落布局也模拟行军大营的格局；又有一说认为这种布局象征石守信与宋太祖对弈的情形。村口南山桥桥头有一小亭，名"魁星阁"，桥、阁、古树林及长堤共同形成了石家村优美的水口景观。水口与石山对峙，形成"狮象守门"之势。村中道路纵横规整，如同棋盘。多条巷口建有券门，领域感极强。村后原有一大祠是棋盘村的"帅府"。祠前半亩方塘，象征印泥盒；塘中筑石坛，坛长2丈，高、阔各1丈，按石守信帅印比例砌成，上面还植有古柏、翠竹。石家村古建筑群是安徽省重点文物保护单位。

# （十一）旌德县江村

江村，坐落于风景秀丽的旌德县白地镇，与古徽州邻近，距黄山风景区仅37公里。江村的地形是东、南、北三面环山，三面坡；西面开敞，无屏障；中间平坦建庄园，东高西低水西流，形状如同"箕"。一条溪水源出金鳌山，入村行至进修堂北侧时分成南北两条溪，平行并进西行到水口，双溪环抱聚秀湖之后重汇聚。北溪曰玉龙溪，南溪曰凤溪，意为龙凤呈祥。

江村山清水秀。登上狮山，俯视江村，只见江村坐东朝西，形似一把太师椅，村后高大的金字塔形金鳌山似椅背，左右两侧连绵不断的低山形似太师椅的扶手。左侧从东至西依次是毛栗山、豸顶山、鸡公山、象山；右侧从东至西依次是笔山、星岐山、日华山、钟山、狮山；中间是一块盆地，东高西低，村中有双溪纵贯，水向西流，村落位于盆地的西部。村东至金鳌山是千亩良田，在此回首能远远望见黄山天都、莲花诸峰。

聚秀湖，堪称"江村第一景"。湖兴建于明成化、弘治年间，两旁有双溪环抱，北溪叫玉龙溪，南溪叫凤溪。玉龙溪靠近聚秀湖的东北角上筑有一石堨拦截水流，让其一部分水流穿过村道注入聚秀湖。聚秀湖的西南角有一个三角形荷花塘，盛夏里荷花争奇斗艳。聚秀湖与荷花塘有暗沟相通，玉龙溪、凤溪在荷花塘的下方汇合。穿过嘉会桥又有一道水口石堨，溪水流过江村后再去灌溉江氏农田。

聚秀湖是江村水口"文房四宝"中的两件宝。湖中心原来有一座名为"四科坊"的牌坊,是一块"墨锭";聚秀湖则是一方"砚台";聚秀湖北侧是一座象山,山上原来有一座3层的文峰塔,是一支"毛笔";聚秀湖正前方进村的石板道上原有四座"忠、孝、节、义"牌坊,是"笔架";湖前广阔的平川是"纸"。江村人如此用心良苦,把水口人文景观设计成文房四宝,寓意江氏文风昌盛,子孙世代读书,学而优则仕,飞出江村,笑傲儒林,光宗耀祖。

村中现存的老建筑主要有江村老街、父子进士坊、溥公祠、江氏宗祠、孝子祠、阖然别墅、进修堂、茂承堂、笃修堂、江泽涵故居、江冬秀故居、江村历史文化展览室等。

江氏宗祠始建于明,系江氏家族的统宗祠。原为四进四厢两明堂三天井,方梁圆柱,飞檐重阁,气势恢宏,曾两度毁于大火,两次重修。现存后三进,原第二进改成了现在的第一进。祠堂前有一个大水池,池中间有一单孔桥,池底有泉眼,池水终年清澈不枯。这个水池实际上是原一进与二进之间的明堂水池,在祠堂的第一个天井明堂里设置水池实属罕见。因为祠堂内设水池目的是防火,而祠堂内用火部位多在后进的寝堂,那里供奉着列祖列宗的牌位,每逢大祭都要焚香烧纸,易发生火患,所以多数祠堂的寝堂前面天井明堂都建有太平池,以防火患。江氏宗祠这种设计可能是惧火太大而采取的一项特别措施。祠堂正前方约50米处有一条小溪横贯,下端有闸,溪水满溢。

江村老街颇有特色,街面凹凸不平,磨损残缺的石缝长出草根苔藓,使古朴的老街富有生机。古石板道在全村古祠堂和牌坊间弯曲伸展,呈现一派古风古貌。老街是村中一条横向的南北走向主街道,北起江氏宗祠,南至溥公祠,总长约500米,却一眼望不到头,因为街道被弯曲成三段,不成一条直线。一条街曲折成三段,街道向东呈90°拐弯,拐弯之后仍还原为南北走向。这是凝聚古人智慧的精心设计之作。因街呈南北走向,冬天寒风北来,凛冽刺骨,街道若笔直呈一条线,风将从街头刮向街尾,古人认为不利于经商。老街弯曲成三段,不但营造出"山重水复疑无路,柳暗花明又一村"的意境,而且,隔断经商,互不干扰,又相互连通,可防风、防火、防寒,如此匠心，可谓独具一格。

# （十二）泾县查济村

查济村，坐落于泾县西部，村内有成片保存完好的明清建筑群。查济村南连黄山市，北邻九华山，属古徽州文化圈外围。村名中"查"字，取自查姓；"济"字，取自查氏宗族原聚居地山东济阳县。隋大业三年（607），查氏迁居于此。

查济村古建筑群绵延2公里，基本保持了明清村落的风貌，现存明代建筑38处、清代建筑100多处。主要建筑有：德公堂及门坊。现存厅堂部分面阔三间，有月梁、梭柱等宋代建筑作法，斗栱也具有宋代建筑的外观特征。门坊为三间，四柱五楼式，砖石质，仿木结构，高浮雕，形态生动。镏公祠。该祠建于明代，月梁、驼峰、斗栱等有宋代建筑作法，重点部位雕刻，质朴洗练。宝公祠。该祠建于清代，三进，后进为两层，内设石池，跨以石桥。

查济村溪河景观

该祠用料硕大，圆柱直径半米，有木雕"天官赐福""双龙聚珠"等。洪公祠。该祠建于清代，享堂依坡地而建。二甲祠。该祠建于清代，入口为五凤楼式门厅。诵清堂。该祠为明代监生查玉衡的府第，斗栱为宋代建筑作法，昂形耍头鲜见。爱日堂。该祠建于清代，前后三进，一正四厢楼层式，为该村现存最大的宅第。进士门。该建筑为清代宅第，雕刻装饰精美。

查济村的村落形态很有特点：以群山为屏障，形成一座天然城堡，仅设四门为入口，三塔鼎足而立；岑水、许溪、石河三溪于村中萦回辗转，汇聚然后穿村而过；沿河上下，平石桥、石拱桥、凉亭错落有致，祠堂、宅第、店铺、作坊鳞次栉比。

# 三、街巷建筑

## （一）屯溪老街

屯溪老街位于黄山市屯溪区，为明清商业街，明弘治四年（1491）已有"屯溪街"的记载。1929 年，街道两侧建筑被焚，次年修复，并拓宽了街面。1985 年，依据"整旧如旧"的原则，当地政府对老街古建筑进行整修。

屯溪老街

老街长1272米，其中步行街895米，宽5~8米。路面用浅赭色的大块条石铺成。古街店铺均为2~3层，砖木结构，均为马头墙青灰小瓦风格。门楣上有徽派木雕戏文、山水等，古朴典雅。"同德仁""步云轩""醉墨山房""文雕苑"等金字招牌流光溢彩。古街的店面都不大，多为单开间，但店堂较深，连续多进，每进均用天井相连，外屋经营，内房加工、储存，为典型的明清徽州店面。

屯溪老街经多次整修，建筑大多参照明清风格重建，少数有宋代遗风，整体上保持了古代市井风貌，有"动态《清明上河图》""东方古罗马"之美誉，为中国第一批历史文化名街。

# （二） 歙县古城斗山街

斗山街位于歙县县城内，因依靠斗山得名。"斗山"之名则源自"上天垂象，在地成形"：此地有七城"落星石"，如北斗七星罗列于此；或者说此地七座山丘如串珠相连，状如北斗。

斗山街弯弯曲曲，斗折蛇行。沿街老店铺、牌坊、老宅、古井等鳞次栉比。徽式门楼，厅堂敞亮，花园雅致，尤以杨、许、汪等豪华大院最为出名，这些院落占地两三千平方米，均由花厅、客堂、书斋、居室和花园组成，庭院深深，古色古香。

许家花厅。原是一所私塾，现为一处备受欢迎的旅游景点。从临街的券门进入一条短巷，右转入门，为许家花厅门厅，前行便是一个小天井，对面为正厅，三开间两层楼，柱子漆黑，其他木构如梁架皆不事漆，画有淡雅的包袱锦彩绘，虽年久褪色，但素朴的图样依然赏心悦目。一棵香樟古树，亭亭玉立，葱绿的树冠伸向四周瓦檐之上，枝叶透过几缕阳光，映衬着朱红色的椽子。清风徐来，树景摇动，光彩闪烁，令人心醉。正厅右手隔墙是一开间小厢房，厢房正对另一宁静小院，内种修竹几枝，开一巷门与正厅天井相通，另开三扇窗通观两院景致。上到正厅二层，临窗一望，尽是粉墙头、青瓦片片，更有墙头枝叶扶疏，随风摇曳。

# （三）歙县渔梁街

渔梁，位于歙县城南门外练江边。练江为新安江支流，渔梁码头是歙县重要的物资集散地，十分繁华，曾设渔梁镇、渔梁街。据统计，村落中的码头现存 10 多处，虽已失去原有功能，但大部分仍保存完好，分为货运公共码头、私人码头及交通渡口等类，各具特色。

渔梁坝，是练江中的滚水石坝，始建于唐，宋嘉定十四年至绍定二年（1221—1229）重筑。元末明初，坝崩坍，明弘治十四年（1501）重修，此后历代均作维修。坝长 138 米、宽 27 米，用条石垒砌而成。它的砌筑法很巧妙：上下层之间用竖石墩穿插，每层条石间用石销连锁。中南段开三道泄水门，北段无水漫泻时可供游人徜徉。

渔梁街，俗称梁下。街道沿练江延伸，长约 1000 米，沿街店面基本保持了明清风格。古建筑有白云禅院、忠护庙、狮子（施氏）桥、巴慰祖故居、龙船埠、望仙桥等。

# （四）休宁县万安街

万安街，位于休宁县万安古镇。万安在明清时期是个商业重镇，街上店铺林立，店铺之间有封火墙分隔。万安镇地处歙休盆地的横江沿岸，旧时也是徽州重要的水运码头。与屯溪老街相比，如今的万安街，显然要寂寞得多。然而，在明清时期，万安街曾居休宁县境九大街之首，有"小小休宁城，大大万安镇"之称。万安街长约 5 里，路面用平整光洁的一色石板铺就，随地势高低而曲折变化。

历史上，万安街有"一方一圆"两样名品特产：方方的豆腐、圆圆的罗盘。万安镇的罗盘非常有名，这显然与明清时代徽州人对风水的崇信有关。众所周知，自元代以后，全国风水文化的中心就已由江西的赣州转移到了徽

万安老街

州。明清时代的风水名流绝大多数为徽州人，特别是徽州的婺源人。所以，徽州至今仍流传着这样一句俗谚："女人是扬州的美，风水是徽州的好。"万安镇吴鲁衡、方秀水等罗经店制作的罗盘尤享盛名，曾在 1915 年巴拿马万国博览会上斩获金质奖章。

# （五）休宁县齐云山月华街

月华街，位于休宁县北齐云山中部。齐云山为我国四大道教名山之一，唐元和四年（809）立石门寺，自宋始为释道二教繁盛之地。明嘉靖帝亲题"齐云山"匾额，御赐"玄天太素宫"，道教圣地齐云山便名扬于世，月华街逐步形成。月华街是由宫观、院房、民舍等依山组成的月牙形建筑群。街心有一弯月形水池，故得名。月华街是齐云山道教活动中心，存有太素宫遗址、兰谷道院、胡伯阳房、镜台道院、梅轩道院等道房建筑。重建于太素宫东侧的真武殿，为两层楼阁。太素宫西紫霄崖下的玉虚宫，始建于明正德十年

（1515），宫前有明代江南才子唐寅撰写的《紫霄宫玄帝碑铭》，碑高7.6米、宽1.4米，居江南碑林之冠。

## （六）桐城市六尺巷

六尺巷，位于安徽桐城市西南隅西环城路的宰相府内，东起西后街巷，西抵百子堂。巷南为宰相府，巷北为叶氏宅，全长100米、宽2米，路面均由鹅卵石铺就。据史料记载，张文端公居宅旁有隙地，与叶氏邻，叶氏越用之。家人驰书于都，公批诗于后寄归，云："一纸书来只为墙，让他三尺又何妨。长城万里今犹在，不见当年秦始皇。"家人得书，遂撤让三尺，叶氏感其义，亦退让三尺，故六尺巷遂以为名焉。

这里的张文端公即是清代大学士桐城人张英。清康熙年间，张英的家人与邻居叶家在宅界的问题上发生了争执，因两家宅地都是祖上基业，时间又久远，对于宅界谁也不肯相让。双方将官司打到县衙，又因双方都是官位显赫的名门望族，县官也不敢轻易了断。于是，张家人千里传书到京城求救。张英收书后批诗一首寄回老家，就是上文所述的那首脍炙人口的诗。张家人豁然开朗，退让了三尺。叶家人见状深受感动，也让出三尺，两家人的争端很快平息了，村民们可以自由通过，六尺巷由此得名。

张英的宽容旷达，让六尺巷的故事广为传诵，至今依然带给人们不尽的回味与启示。巷子虽短，思绪漫长……

# 四、园景建筑

安徽历史上诸多精致园林仅存于文献，或仅存遗址，如宋代灵璧张氏园亭、清代皖山（今潜山县）之麓的奇巧园林、宋代黟县碧山培筠园等。

明清时期，徽州村落基本实现了园林化，不仅住宅有庭院式园林，书斋、书院也多有庭院式园林，有些干脆建设成园林。歙县的竹山书院就是典型代表。古时徽州村落不乏与竹山书院建筑风格相类似的书院、书斋，如黟县南屏有半春园，又称梅园，建于清光绪年间，是南屏村叶姓富商为后代读书而建造的一所私塾庭园。庭园分两部分，依山溪流向呈弧形。园门上篆体眉额"半春园"，为庭园增添了几分古朴典雅；园内有一个庭院，靠墙一方砌有半人高的大鱼池，池水清澈，游鱼戏玩其间。与鱼池相对的是三大间私塾书屋，莲花隔扇门，半腰花格窗，屋内光线充足，便于孩童读书习字。穿过书屋左侧刻有"巡檐""步月"字样的门额，便来到半春园的另一部分——花园。花园呈半月形，与书屋同向，依墙是六间半月形的回廊，廊壁嵌有"逸趣""留香"等石刻。回廊一侧设有美人靠，供人坐赏园景，且有木雕满月门通往园中。园中植牡丹、木樨花、古柏、罗汉松等各种名贵花木，以梅花为最，置假山、花台、石几、石凳等，别有情调。

# （一）文献中的安徽名园

### （1）苏轼《灵璧张氏园亭记》

道京师而东，水浮浊流，陆走黄尘，陂田苍莽，行者倦厌。凡八百里，始得灵璧张氏之园于汴之阳。其外修竹森然以高，乔木蓊然以深。其中因汴之余浸，以为陂池；取山之怪石，以为岩阜。蒲苇莲芡，有江湖之思；椅桐桧柏，有山林之气；奇花美草，有京洛之态；华堂厦屋，有吴蜀之巧。其深可以隐，其富可以养，果蔬可以饱邻里，鱼鳖笋茹可以馈四方之宾客。余自彭城移守吴兴，由宋登舟，三宿而至其下。肩舆叩门，见张氏之子硕。硕求余文以记之。

维张氏世有显人，自其伯父殿中君，与其先人通判府君，始家灵璧，而为此园，作兰皋之亭以养其亲。其后出仕于朝，名闻一时，推其余力，日增治之，于今五十余年矣。其木皆十围，岸谷隐然。凡园中之百物，无一不可人意者，信其用力之多且久也。

古之君子，不必仕，不必不仕。必仕则忘其身，必不仕则忘其君。譬之饮食，适于饥饱而已。然士罕能蹈其义、赴其节。处者安于故而难出，出者狃于利而忘返。于是有违亲绝俗之讥，怀禄苟安之弊。今张氏之先君，所以为其子孙之计虑者远且周，是故筑室艺园于汴、泗之间，舟车冠盖之冲，凡朝夕之奉，燕游之乐，不求而足。使其子孙开门而出仕，则跬步市朝之上。闭门而归隐，则俯仰山林之下。于以养生治性，行义求志，无适而不可。故其子孙仕者皆有循吏良能之称，处者皆有节士廉退之行。盖其先君子之泽也。

余为彭城二年，乐其土风。将去不忍，而彭城之父老亦莫余厌也，将买田于泗水之上而老焉。南望灵璧，鸡犬之声，幅巾杖屦，岁时往来于张氏之园，以与其子孙游，将必有日矣。

元丰二年三月二十七日记

（2）清人沈复《浮生六记·浪游记快》中的皖城园林

溯长江而上，舟抵皖城。皖山之麓，有元季忠臣余公之墓。墓侧有堂三楹，名曰"大观亭"。面临南湖，背倚潜山。亭在山脊，眺远颇畅。旁有深廊，北窗洞开。时值霜叶初红，烂如桃李。同游者为蒋寿朋、蔡子琴。南城外又有王氏园。其地长于东西，短于南北，盖北紧背城，南则临湖故也。既限于地，颇难位置，而观其结构，作重台叠馆之法。重台者，屋上作月台为庭院，叠石栽花于上，使游人不知脚下有屋。盖上叠石者则下实，上庭院者则下虚，故花木仍得地气而生也。叠馆者，楼上作轩，轩上再作平台，上下盘折，重叠四层，且有小池，水不漏泄，竟莫测其何虚何实。其立脚全用砖石为之，承重处仿照西洋立柱法。幸面对南湖，目无所阻，骋怀游览，胜于平园，真人工之奇绝者也。

# （二）黟县南宋汪勃"培筠园"

黟县碧山"培筠园"，为南宋碧山人汪勃所建。汪勃是南宋绍兴二年（1132）进士，初任严州建德主簿；绍兴十三年（1143）入京，升任御史中丞；绍兴十七年（1147），调任签书枢密院兼权参知政事，封新安郡侯；后任湖州知府，有德政，百姓称"贤哲太守"；后辞官归里，建培筠园以颐养天年。筠者，竹之皮，古人也将其作为小竹的别称。主人为园取名培筠园，可能也是其退居故里的一种心态的反映。

培筠园面积约 2000 平方米，园中有池塘、竹林、石笋、假山、古木、花卉。园中小路上，有用巨大石块堆成的券洞，隔断园中景色。穿洞而过，方能见到园中别样风景，洞顶花木扶疏，并敷有石桌、石凳；登上洞顶，视线越过围院，碧山村的远山近水尽收眼底。时任南宋礼部侍郎张九成曾来培筠园拜访主人。张九成在碧山流连数月，与主人一起寄情山水，临行时，在培筠园为后人留下脍炙人口的《碧山访友》七言绝句："万仞巍然叠嶂中，泻来峻落几千重。森森松柏松花老，又见黄山六六峰。"诗成，勒石刻碑置于培筠园中。此碑至今已有 860 余年历史，经风雨侵蚀，碑的上段业已残缺，但诗文完整，字迹依稀可辨。

## （三） 歙县西溪南的果园

果园，位于徽州区西溪南。"原有一大塘一小塘，树有柿、枇杷、花红、梨、枣、杨柳；花有芙蓉、蔷薇、梅、橘、石榴、牡丹、月季、海棠、桂，惟白玉簪树高约三丈，此特别之花也。此景有六：仙人洞、观花台、石塔岩、牡丹台、仙人桥、芭蕉台。"（《丰南志》）

同村的"老屋阁"为三进庭院式住宅，占地 340 平方米，后有 490 平方米的园圃，广植花木。园圃左侧为一方池塘，种荷养鱼，供人观赏垂钓。池畔建绿绕亭，亭平面近正方形，通面阔 4 米，进深 4.36 米，高 5.9 米。亭临池一侧置有飞来椅，老屋阁及绿绕亭已为国家重点文物保护单位。

该村还有明代所建的野径园、曲水园遗址，从曲岸荒丘、残垣断壁之中，可以想见当时的规模胜景。

## （四） 黟县西递村西园

黟县西递村西园，系清道光年间四品官胡文照所建，距今已有 160 多年历史。它用一座狭长的庭院将一字排开的 3 幢楼房连成一体。庭院虽以墙分隔成前园、中园、后园，但是墙上长方形的大漏窗，与圆月形、秋叶形、八边形门洞相连通，错落有致，使得整个西园庭院的景致均处在"隔与不隔、界与未界"之间。西园的庭园空间处理手法既是狭长空间在尺度上的一个突破，又是流动空间的相互延伸。花窗、门洞，使庭院空间你中有我、我中有你，层次分明。园中植树栽花，花台、假山、鱼池、盆景使庭院更具幽深之美。

以花窗、漏窗等融合景色，是徽州庭院式园林的一个重要特征，如歙县棠樾的"存养山房"和后进的"欣所遇斋"，这两处均为厅堂，用一面极大的花窗相隔。厅堂天井内摆放山水、树木、花草等各式徽派主题盆景。"欣所遇斋"之"欣所遇"出自《兰亭序》，漏窗随云影光线变化，风声际耳，道出"当其欣于所遇，暂得于己，快然自足，不知老之将至"的境界。

# （五）黟县宏村民居水园

水园，是宏村民居的一大特色。德义堂、承志堂、碧园等水园民居利用牛肠水圳，将门前屋后的活水经暗道引入民居庭院，在院中修筑一方泉水池，临水建园。

黟县宏村以"家家门前有清泉"著称。德义堂坐南朝北，建于清嘉庆二十年（1815），为二楼三间结构，一楼厅堂前墙由一排十六扇花隔扇门构成，一扇小门有联曰："池中岁月色，庭上放书色。"厅堂前以一小水池为中心形成水园，水池、暗道与院外水圳相通，池内碧水长流。池的两边为石条凳，上置盆景，另一边为院墙，还有一边则是隔池对景的小水榭。水榭左侧为大门，建筑小巧精致，庭院生辉。水园东西两侧分设有一明一暗两个花园，植有枣、桃、梨、柿、枇杷等果木，有小门与居家及外部空间相联系。西花园除树木外，还有石花台、石桌等，靠水园一侧隔墙开有圆形漏窗和半人高的水扉，连通水园与西侧花园的景致，自身也有装饰之美。

碧园，建于清道光年间，三间二楼结构，院门南向，楼房坐东朝西，登楼远眺，山峦平野尽收眼底。楼前庭院虽占地不多，但掘半月形水池，引水圳活水入

宏村碧园观景楼

池。水池弓背置有石条花台，摆设花木盆景，水池弦部正楼前设有美人靠，中为玲珑水榭，旁侧为长廊，出楼厅即入水榭，如襟带环绕，楼间隐榭，水际设亭，灵巧别致。庭园多设隔墙及各式门洞、漏窗，景致时隐时现，富有变化。

# （六）徽州村落水口园林及檀干园

村落水口园林，多建于村落入口众水汇聚之处。徽州先民在这里广种林木，构凉亭、筑水榭，使之成为风景宜人的公共园林。

古时，徽州人为了保住财气，大多在水口人为地增加"关锁"。自然景色优美的水口成为徽州村落重点营造的部分。村人在此广植高大乔木、花卉，点缀桥、亭、塔、楼等景观建筑，将水口建成风景极佳的公共园林，为村人提供游憩之所。清人方西畴的《新安竹枝词》曾对水口自然景观、人文景观做了生动的描述："烟村数里有人家，溪转峰回一径斜。结伴携钱沽夹酒，洪梁水口看昙花。""故家乔木识楩楠，水口浓荫写蔚蓝。更著红亭为眺听，行人错认百花潭。""临河亭子郁崔嵬，拾级凭高亦快哉。满目云山排画稿，鹅溪绢好剪刀裁。"

根据风水说，有些村落有多处水口，因此，就有多处水口园林。歙县槐塘有9条进村道路，俗称"九龙进村"，9个路口皆有水口，每个水口又都形成了水口园林。槐塘以东，向城关方向与棠樾村毗邻处，旧时有1里长的大道均由麻石铺就，平坦整齐。原有状元坊和丞相坊屹立大道，状元坊为青石坊，丞相坊为红石所筑，一红一青对比鲜明。坊下左有绿梅、右有红梅，皆古梅。坊前有青石砌水池一座，周以青石围栏，中植荷花，名清水池。坊之右为一长堤，红石为基，堤上遍植紫荆，紫荆之间又夹植梅花。中置一亭，坊之左侧为一丘陵，上有古树苍翠挺拔。过牌坊为青石大道，十步一梅，品种各异，入村曾有"御书楼"，楼内一壁上镶嵌着3块碑石，额刻篆文"皇帝御书"四字，三碑正中均刻两字，分别为"清忠""昭光""儒硕"。楼前有一石塘，塘边植一株槐树，槐塘村村名可能由此而来。向西，通岩寺一道，村口有山，古树苍翠，有庙、有泉、有亭。山名曰"师山"，其泉水至冬不见，入春又出。亭名龙玉，过亭有石桥，白沙流水。向北，通富场一道，村口有龙兴独对坊，其上刻有朱元璋召见族人唐仲实问答内容，留下了一段"布衣交天子，忠言留百世"的历史佳话。其他数道，过去同样建有水口建筑，或庙，或亭。

歙县唐模村檀干园又名"小西湖"，为徽州保存最好的经典水口景观。原"为许氏文会馆，清初建，乾隆间增修，有池亭花木之胜，并宋、明、清初人书法石刻极精"。因处于檀溪岸（干）边而得名（取《诗经·伐檀》"坎坎伐檀兮，置之河之干兮"）。据记载，檀干园三塘相连，园中原有桃花林、白堤、蜈蚣桥、灵官桥、玉带桥、三潭印月、响松亭、中亭、湖心亭、镜亭等胜景。现尚存玉带桥、灵官桥、镜亭等。镜亭为舫形，是全园中心景观，它与长堤、玉带桥相连并伸入湖中，将曲折的湖面分割得灵秀、妩媚。镜亭存长联，上联为"喜桃露春浓，荷云夏净，桂风秋馥，梅雪冬妍，地僻历俱忘，四时且凭花事告"，道出了檀干园曾有的四时景色。

檀干园北靠青翠欲滴、秀色可餐的黄山余脉，南有古木参天、宛若锦屏的平顶山，周边再借阡陌纵横、鸡犬相闻的田园风光，全园因就真山真水，自然朴素、清新宜人。檀干园与村口八角石亭、同胞翰林石坊、板桥、古老的风水树等相呼应，利用溪流和缘溪的石板路与村庄相联系，村舍、园林结合成有机整体。"看紫霞西耸，飞布东横，天马南驰，灵金北倚，山深人不觉，全村同在画中居"，此为镜亭楹联的下联，前几句是檀干园所处自然环境的真实写照；"全村同在画中居"既是对唐模村优美景色的概括，也是对徽州水口园林与村舍有机融合的诠释，同时也道出了徽州水口园林最有价值的特征。

檀干园充分利用天然的湖山坡地，因地制宜，"巧于因借"，融山水、田野、村舍于一体，形成独特的徽州园林风格。正门原为两进建筑，门屋匾额上书"檀干园"三字。民国时，许承尧改题成"檀干公园"。鹤皋精舍为檀干园主体建筑，上、下对堂，中有天井。上堂恢宏大度，气宇轩昂，下堂客室整齐，窗明几净。正堂有程天放所题"鹤皋精舍"横匾。舍周杂植各种花木，陈设徽派盆景。春秋佳日，游人辐辏，多在此品茗对弈，园林幽雅，风光秀丽，颇能怡情悦性。镜亭四周临水，是檀干园的中心景点。它由亭、廊、抱厦、小院、平台等构成。过云桥为小门，拾级而上，门首有"珠液"横匾。亭外为石砌平台，门内有曲廊，通过回廊可到亭的中间。亭的平面为"凸"字形，面积106平方米。其后部为歇山屋顶，前半部分为卷棚屋面，有6个翘角。亭下部为16根石柱。石柱上接短木柱。上部用梁、枋拉接。上承檩条、老檐椽和望板，盖小青瓦，四面飞椽，并有翼角起翘。亭四面均有回廊，三面设美人靠和栏杆。正面明间为格扇门，上方有"镜亭"横匾。最珍贵的是亭中间前后两墙壁上镶嵌的历代名家书法碑刻18方，龙蛇隐壁，铁画银钩，至今完好无损。镜亭更增添水口景观的文化品位。

# （七）徽州村落八景

"八景"，或"四景""十景""十二景"等，皆为城镇聚落景观的集称，是中国古代常见的构景手法。徽州村落通过八景等的营造，将自然山水景观与人文景观相融合，诗画意境呼之欲出，其格调高雅而又朴实自然，展示出一幅幅田园牧歌式的乡村画面。

古代徽州人借用园林"八景""十景"等构景手法，对村落的主要景点进行点题，为赏景创造出一种美的意象，给人以诗画般的联想和感受，使村落景观更加生动，更具文化内涵。甚至还有一些村落，不仅将村景入诗，更以村景入画，赏心悦目，意味无穷。

黟县宏村"八景"。西溪雪霭、石瀚夕阳、月沼风荷、曾岗秋月、南湖春晓、东山松涛、黄堆秋色和梓路钟声。

徽州府城"八景"。屏山春雨、乌聊晓钟、黄山霁雪、飞布晴岚、紫阳山月、练溪朝云、渔梁夕照和白水寒蟾。

黟县西递"八景"。清人胡光台作《八景诗》赞西递。一曰"罗峰隐豹"。村之前，有峰秀而圆。阴雨晦冥，咫尺莫辨，如有文豹变幻于其上，诗曰："雾霭溟濛识者稀，芸萝深处玉芝肥；漫言文蔚韬空谷，会有征书出紫薇。"二曰"天井垂虹"。村之东，有山高几百仞。山巅有井，水沸而清，时

宏村村口红枫白杨

或长虹贯日垂饮，诗曰："百尺飞泉一道垂，泓深习坎隐蛟螭；若非玉井倾莲澍，定是银河泻练池。"三曰"石狮流泉"。村之北，有泉出石中。石形狰狞如狮，泉从口中喷出，诗曰："巉巉兽蹲麓之阡，流出胸中万斛泉；借问心源何混混，料应下有蛰龙眠。"四曰"驿桥进谷"。村之南数里，为西递铺，以在府西为铺递所由故名。驿谷旁有桥，凿石而成，商旅往来，车声不息，诗曰："平平周道达长安，接轸连骑度栈峦；一自相如题柱后，男儿立志拥旌干。"五曰"夹道槐荫"。又涧西流，夹道栽槐数十株。长夏日高，清阴覆地，幽雅可爱，诗曰："玉堂夹道绿阴重，争似王公手植秾；但得琼芝勤式谷，宏开绿野向云封。"六曰"沿堤柳荫"。居人缘溪筑室，旁多植柳，阴森蓊郁，时或轻烟笼抹，黄鸟飞鸣，诗曰："缘柳当门拟葛天，无松无菊亦徒然；而今堤畔桑麻盛，尤胜依依舞影翩。"七曰"西塾燃藜"。昔贤构屋数楹于所居之西，俾子弟读书其中，榜其门曰燃藜馆，诗曰："郊墟旧辟读书堂，灯火荧荧照缥缃；此日焚膏勤尔业，他年奎璧焕文光。"八曰"南郊秉来"。近郊田数百亩，春雨一犁，情景如画。宜稻宜麦，岁入有常。盖所谓遗安后人者，莫大于此，诗曰："布谷声声春事勤，呼童耕破垄头云；习闻庞叟遗安训，百室开盈涣厥群。"

黟县黄村"八景"。竹溪垂钓、枫林称觞、古寺夕阳、芳亭揽秀、葛社催耕、茅岗步月、霞坞横云、前山积雪。

黟县关麓"八景"。柳溪听莺、问渠书屋、月湖映月、湖畔垂钓、西山雨镜、古树琴音、暮鸟还林、夜聆松涛。

黟县古筑"八景"。古筑村为古黟名村，是孙姓聚居地，昔日"八景"：星墩聚秀、棋枰仙迹、怪石嶙峋、乌潭澄碧、桂冈夕眺、桐岭松涛、武溪流霞、东山啸月。

黟县屏山村古有"长宁里十景"：屏风拥翠、吉阳晓月、三峰耸秀、吉水流波、石洞春天、梅林香雪、八桥观获、比屋书声、丹台夜火和莲塘玩月。

休宁"海阳八景"。海阳为休宁旧名。"海阳八景"之胜有：一曰"白岳飞云"。白岳，即齐云山。该山千峰傲耸，万石峥嵘，层林深邃，飞泉飘洒，终年山气升腾，雾霭缭绕。从山上俯瞰，一望无垠的丘、林、田、川，尽被飞云流烟所淹没，如幕如障，欲吞欲吐；峰峦朦胧，时隐时现，若浮若沉，瞬息万变，展现了齐云山的云海奇观。诗云："白云何处来，须臾四充塞，弥漫亘天关，周匝满城域。"二曰"寿山初旭"。万安镇东有古城岩，即寿山。登立山巅东望，大气磅礴，水阔天空，一轮红球冉冉升起，如火映金盘，光芒四射，红霞灿烂，东方尽赤。三曰"松萝雪霁"。县北郊松萝山，山势高峻，蜿蜒曲折，松萝漫径，怪石罗列，风景优美。冬日，玉屑纷飞，奇峰披银装，松竹挂冰花，分外晶莹。若晴日，则红装素裹，更增妖娆。诗云："风敲松涧千条玉，日射萝峰几点青。"蔚为壮观。四曰"屯浦归帆"。屯溪为横江与率水汇合处，山清水秀，江回峰转，地处水陆交通要道，素有"十里樯乌"之称。每当夕阳西下，归帆停泊，屯浦十里江面，帆樯林立，桅火与街灯相映生辉。五曰"凤湖烟柳"。城西凤凰山下，白鹤溪与夹源水汇合处，昔有泊名凤湖，湖边栽满了柳树。春夏佳日，柳丝轻拂，微风送爽，碧波荡漾，景色醉人。每当晨曦初露，曙光高照，湖面雾气霭霭，若云若烟。六曰"练江秋月"。城南郊，吉阳、夹溪二水合流，汶溪水色清澈澄碧。每当秋高气爽，明月当空，则是"秋光似练月如水，十里汶溪月涝桥"。如果是月相在上弦或下弦时间，则是"出云面面拥寒溪，江底初沉月一钩"，别有风光。七曰

"落石寒波"。横江水、夹源水交汇于县城西南郊玉几山西北麓，潴为深潭，名落石潭。水清影碧，风光秀丽。潭南峭壁矗立。当溪环绕的中间，有巨石一方，若从云天下坠，名落石台。台面平整，可坐百人。又有云头石，为下流藩蔽。诗云："日映树梢添翠绿，风来水面听鸣弦。"八曰"夹源春雨"。夹源水自县北曲折南下，三面绕城，环流如带。从北郊新塘村观音阁，逆水上行，两岸高峰对峙，一水中分。山峦林壑，郁郁葱葱。清明时节，春雨蒙蒙，远山景物，尽被云霭笼罩。近处田园村舍，错落参差；小桥流水，渔舟横泊，如入"武陵桃源"。有诗句赞曰："春生气象回寒谷，雨弄芬霏失远村。"

徽州区呈坎"八景"。据《罗氏族谱》记载，"呈坎八景"分别为永兴甘泉、朱村曙色、灵金灯现、众峰凝翠、鲤池鱼化、道院仙升、天都雪界、山寺晓钟。

歙县江村"八景"。歙县城北江村，碧山遥环、清溪旋绕，是一座拥有诗情画意的村落。村中、村边的自然景观、人文景观构成的江村"八景"，勾勒出江村风光的概貌。一曰"洪相晓钟"。江村村东2里许有洪相山庙，每当晨曦初露，林扉未开，竦钟递响，余音缭绕不绝。二曰"王陵暮鼓"。唐越国公汪华奉敕建寝殿于村南云岚山，其地近军营，暮鼓初挝，响彻空山。三曰"松鸣樵歌"。村北坞，古松参差，朝晖夕阳，林翠欲滴，村民樵木其间，歌吟以适，颇有野趣。四曰"绿溪渔唱"。村源出飞布山，水环村南，渔歌互答。五曰"云朗岚光"。村外有云朗桥，傍桥依山，筑有小亭，四周松篁葱郁，甚为幽静。六曰"飞篷月色"。此为村中赏月胜境。七曰"白石晴云"。村北鸡冠山奇石突兀，积雨初收，云自石隙中缕缕腾起。八曰"紫金霁雪"。由村中东望紫金山，腊月之际，则烟岚隐约，晴光皎雪，玉树珠簪。

婺源矛峰村"十景"。寨冈文笔、田心石印、曜潭云影、东岸春阴、水口浩轴、船漕山庵、倒地文笔、鸡冠水石、笔架文案、回龙顾祖。

婺源清华"八景"。藻潭浸月、如意晨钟、双河晚钓、寒山叠翠、东园曙色、南市人烟、花坞春游、茱岭屯云。

祁门县城"梅城十二景"。塔峦高眺、阊门石峡、金粟松涛、双桥夜月、东山夕照、十王潭影、珠溪曲坞、青萝线天、甲第樵市、云艺竹冈、狮峰邃鋆、同佛庄严。

祁门贵溪"八景"。夫子名山、将军峻岭、孤山梅雪、五岭松风、青岩晓云、白杨夜月、平峰列翠、大桥卧虹。

绩溪磡头村"八景"。屏开锦张、甑峰毓秀、石室清虚、逢山作壶、岩存仙迹、洲涌金鱼、鸾回天马、玉泉鸣佩。

歙县瞻淇"十景"。八角古楼、岐山九老、鸣凤在竹、犀牛望日、金盆捞月、文笔峰桥、九柱梅墙、笔架紫荆、青梅竹马、秀峰翠巅。

歙县堨田"八景"。竹林清幽地、芦野阳绿田、汪塘夜月皎、吕冢朝云烟、古圣离堂铎、竺溪禅寺泉、蓉菰段牧笛、菖蒲滩钓川。

村落通过"八景""十景"模式将其丰富的审美信息传递给诗人，诗人凭着诗心去感受，萌发诗兴，孕育灵感，正所谓"文章借山水而发"。村落景观借诗文点染、生发、颂扬、美化，使人们能更好地领略其趣，村落则在诗境的烘托、渲染下彰显其美。如今，随着乡村经济文化逐渐繁荣，徽州古村落正在进行新农村建设，打造更加美好的乡村。

# 五、祠祀建筑

## （一）怀远县禹王宫

禹王宫，别称禹土庙、涂山祠，位于怀远县城东南 2 公里处淮河东岸涂山之巅。史载："禹会诸侯于涂山。"即为此处。后人为纪念大禹治水功绩建庙于此。始建年代不详，据唐《天下名胜志》记载："汉高祖过涂山，命立禹王庙以镇涂山。"元、明、清历代均有修葺。

禹王宫有殿堂四进，房屋 30 余间，有山门、启母殿、鲧王殿，主殿为禹王殿。面阔 7 间，叠梁式木构架，砖石墙，筒瓦屋面。殿内塑禹王像黄袍冕旒，造型生动，气宇轩昂。殿前有穿堂厅 3 间，厅内墙嵌石碑四通。殿旁有左右耳房 6 间，内有塑像、碑刻。禹王宫后院有千年银杏两株。院西北角有瞭望台，登临其上望涡水、淮水，荆山、涂山尽收眼底。院外百米有启母石（又名"望夫石"），传为禹妻涂氏望夫所化。西坡有"圣泉""灵泉"，清冽甘甜、四时长流，历代文人多有颂咏。禹王宫，每年农历三月廿八日为庙会，届时数以万计的百姓蜂拥膜拜，以纪念禹王治水功绩。

# （二）亳州老子祠

老子祠，又名"道德中宫""老祖殿"，位于亳州市老祖殿街东首，是祭祀道教始祖老子的祠观。祠前的问礼巷，相传是孔子问礼于老聃处。老子祠始建年代不详，据载，唐乾封元年（666），亳州已有老子祠。明万历年间，知州马呈鼎在道德中宫内修著经堂，石刻《道德经》64块，并建春登台。清乾隆十三年（1748）、道光十六年（1836）两次修葺。

老子祠坐北朝南，面阔40米，进深50米。大门5间，过厅5间。正殿5间，为两层楼房。现存山门、拜殿、后殿、东殿和西殿。山门面阔3间，青石台阶，拱券门洞两侧石狮相依。老子祠的构造方法、装饰风格等，均根据亳州当地建筑作法及风格而建。前殿祀人祖，后殿祀老子。后殿东西各有一院，东院门题"紫气东来"，敬鲁班；西院门题"青牛西渡"，敬财神。在构造上，老子祠保留了古代建筑手法，现存建筑仍保留明代建筑特征。

# （三）亳州华祖庵

亳州华祖庵，俗称华佗祠、华佗庵，位于亳州城内永安街，为祭祀东汉杰出医学家华佗所建，始建年代不详。据光绪《亳州志》记载，清康熙二年（1663）重修；乾隆二十六年（1761）、嘉庆二年（1797）再修，安徽巡抚朱珪亲题"燮理通微"匾额；同治年间又重修。1963年，亳州市医界集资捐款重建，并于庵内设立华佗纪念馆。庵后据传为华佗故居。

华祖庵由祠、故居、古药园3个院落组成，占地面积8600平方米。庙祠，20间，其中有大殿、经堂、陈列室等，并圈以围墙，建有山门。山门前有一对石狮，古朴雅致。所有建筑均为平房，青砖小瓦，木架结构。祠庙大殿为纪念华佗的主体建筑，立于高台上，面阔3间，进深两间。元化草堂立于高台之上，东厢名"益寿轩"，西厢名"存珍斋"。古药园内洗芝池传为华佗淘洗药物之地，"至善水榭"和曲桥亭亭玉立于其间。竹篱柴扉，满植芍药、牡丹、白菊、曼陀罗等中药草及花卉。整个院落回廊相接，松柏竹梅掩映其间。院周围种植曼陀罗等药草，园后一水塘，环境清幽，与庵祠相得益彰。华祖庵在设计立意上准确地把握了华佗一生不慕仕途、刻苦精研岐黄的品格。殿内陈列室陈列有关华佗的医学著作和文献资料等，以供参观。西偏殿为彩塑蜡像。东院修竹间，华佗自怡亭翘首昂然，亭悬"自是闲云野鹤，怡然流水瑶琴"楹联，是对华佗一生的概括。

亳州是华佗故里。华佗，字元化，生活于东汉末年，对内、外、妇、儿、针灸各科均有很高造诣，尤其擅长外科。他所创制的麻沸散，是世界上最早的全身麻醉药物。因麻沸散的发明，他得以对患者进行腹腔手术，堪称外科鼻祖。华佗还通晓养生健身之术，创造一套"五禽戏"，开我国体育医疗之先河。《三国志》《三国演义》中均有其治疗疑难病症的描述。华佗后为曹操所杀，使珍贵医书《青囊经》三卷失传。其弟子吴普《本草》尚流传于世。华佗医术精湛，医德高尚，深为后人称颂。

# （四）颍上县管鲍祠

管鲍祠，位于颍上县城北，是纪念春秋时齐国政治家管仲和鲍叔牙的合祠。其初名管子祠，始建年代不详，明万历六年（1578）重建时，增祀鲍叔牙，改称"管鲍祠"。明末毁于战乱，清道光六年（1826）重修，以后历代曾多次修葺。

管仲、鲍叔牙相传为颍上县人。管仲少时即与同乡鲍叔牙为总角之交，合伙经商，因管仲家贫，鲍叔牙常分以多金。齐国内乱，二人分别跟随齐公子纠和公子小白。后齐襄公被杀，公子纠与小白争夺齐国君位，鲍叔牙助公子小白成为齐君，即历史上著名的齐桓公。管仲则因事奉公子纠而遭囚。齐桓公即位后欲以鲍叔牙为相，鲍叔牙则向桓公力荐管仲为相，而自己情愿以身下之。管仲道："生我者父母，知我者鲍子。"管仲出任齐相，辅佐齐桓公对内实行改革，国力日益强盛；对外实行"尊王攘夷"策略，终使齐国取得霸主地位。而管仲也成为一代名相，被桓公尊为"仲父"。"管鲍分金""鲍叔让贤"的典故，使管鲍之谊千古传颂。

管鲍祠，典雅肃穆。祠旁有管仲墩，传为管仲冢，实为衣冠冢。墩前立石碑两通，一为"管仲父墓"碑，明万历十六年（1588）立；一为"呜呼大政治家颍上管子之墓"碑，1926年立。管鲍祠几经兴废，管仲墩被挖，碑碣散失。后管鲍祠重新整修，原占地面积约500平方米，现占地面积扩大至2600多平方米，建筑面积1200平方米。山门面阔3间，硬山顶，青砖灰瓦，匾额镌刻"管鲍祠"金色大字。循石阶而上，迎面是主体建筑殿堂，筒瓦覆盖，花砖作脊，饰以兽吻，形制古朴。大殿4柱重梁，棂格门窗，殿内供奉管、鲍牌位及管仲、鲍叔牙塑像。两像神情庄重，目光传神。柱上楹联："佐霸肇开新政局，分金饶见故人情"，"相齐桓公一匡天下，友鲍叔牙万古高风"，正中高悬"挚交千古"匾额。大殿配房东西通道各修园门，名"荐贤门"和"分金园"，以纪念管鲍之交。管鲍祠外便是管子公园，每逢假日，游人如织。

# （五）和县乌江霸王祠

霸王祠，位于和县乌江镇东南1公里凤凰山上，是纪念西楚霸王项羽的灵祠，又名"项王祠""西楚霸王祠""项羽庙""霸王庙"。相传，公元前202年，西楚霸王项羽兵败自刎于此，后人立祠祀之。据唐少监李阳冰篆额"西楚霸王灵祠"，可知祠始建于唐或唐之前。唐以后，该祠屡经修葺与扩建，原有正殿、青龙宫、行宫等，共99间半，传说帝王方可建祠百间，项羽虽功高业伟，但终未成帝业，故只能少建半间。

建筑群由祭祀建筑和陵墓两部分组成。前者以正殿为核心，正殿又称享殿，面阔5间，面积188平方米。台基高1米，殿高7米。硬山屋顶，兼具地方祠庙风格。殿前立有狮、鼎，殿内有项羽、虞姬塑像及项羽、范增、龙且3人对弈塑像。霸王塑像，身长八尺，身体前倾，双目圆睁，一手仗剑，一脚前踏，尽显威猛。大门对联红底黑字："山襟水带，虎啸龙吟。"其首高悬

"拔山盖世"金字横匾,另有匾额、石狮、旱船、钟、鼎、碑等附属物。西侧殿内陈列有项羽生平年表及概述项羽主要事迹的"壮志凌云""吴中揭竿""破釜沉舟""鸿门宴""定都彭城""霸王别姬""垓下突围""引剑乌江"等8幅版画,同时还陈列着有关项羽的书籍和出土的汉代器物等。

正殿后为霸王"衣冠冢"。项羽衣冠冢,陵体呈椭圆形,砌以青石。墓道两侧有4对翁仲石刻,陪伴守护。墓台四周为白玉栏杆。苍松摇曳,落叶有声,游人至此,莫不肃然起敬。明万历四十四年(1616)立"西楚霸王之墓"碑一块,为知州谭之凤所书。相传,每年农历三月初三举行盛大庙会,开展多种纪念、娱乐活动,深受广大群众欢迎、赞誉。祠前有联:"司马迁乃汉臣,本纪一篇,不信史官无曲笔;杜师雄真豪士,灵祠大哭,至今草木有余悲。"唐代诗人孟郊、杜牧,宋代文人苏舜钦、王安石、陆游等均题有诗文。1986年,霸王祠重新修葺,甍宇巍峨,宏伟壮观。

## (六) 和县陋室

陋室坐落于和县城内,是唐代政治家、哲学家、诗人刘禹锡谪任和州刺史时的简陋宅第,始建于唐长庆四年(824)。刘禹锡为此宅写了脍炙人口的《陋室铭》,由柳公权书碑,置于室前。原室与碑年久俱毁,重建于清乾隆年间,碑铭复制于1920年,后又多次修葺。

现存陋室是一座三合院,由正房、东西厢房和门廊组成,9间。室前有石铺小院、台阶,"苔痕上阶绿,草色入帘青"。室后有小山和龙池,清新淡雅。

## (七) 无为县米公祠

米芾为北宋书画大家,与苏东坡、黄庭坚、蔡襄并称"宋四家"。书法有"风樯阵马、沉着痛快"之誉,其画以"米家云山"名世。米芾又是著名书画鉴定家、收藏家,素以收藏宏富著称于世。

米公祠，位于无为县城西北隅，为纪念北宋著名书画家米芾之祠。米芾曾在无为任职，为官清廉，勤政爱民。在其离任去世后，时人感其德政，建米公祠以示纪念。祠始建于宋崇宁三年（1104），原名宝晋斋，为米芾知无为军时，收藏晋人墨迹之所。后人为纪念米芾而易名为米公祠。原宝晋斋多次毁于兵火，明万历二年（1574）和清乾隆元年（1736）两次重修。乾隆三十七年（1772），县令张公侨摹陈洪绶所画拜石图刻于碑；乾隆三十九年（1774），县令张琨玉始建拜石轩、书画舫和香月亭，并作记勒石。咸丰元年（1851），宝晋斋又毁于兵火。光绪年间，知县王峻再次重修，建米公祠3楹，门居中，于池左右盖耳房3间，外侧围以土墙并间以竹篱，环池循势砌假山，并搜集米公遗刻"墨池""画菜"两碑和其他石刻，移入祠内。

米公祠现存平房12间，面积280平方米，四壁嵌有碑帖刻石。祠前为千余平方米巨大墨池，池中建有投砚亭，池南一口古井，曰杏花泉井。环池植以垂柳、雪松等，池内荷花游鱼，环境清幽。相传，米芾每于政暇之际挥毫于亭上。池北有拜石一尊，为石灰岩质太湖石，状貌奇特。米芾将石移至州署，每日抱笏对石揖拜，太湖石因此得名"拜石"。米芾嗜石，有很高的鉴赏力。他对奇石所订的"瘦、漏、皱、透"的品评标准，为后人所沿用。祠内收藏有晋唐以来名家碑帖刻石750方。这些碑帖石刻内容翔实，不但对研究米公祠具有重要的历史与文物价值，而且具有很高的文化与艺术价值，堪称古代书法艺术宝库。经整理编撰，多卷本《宝晋斋碑帖选》已出版。

# （八）东至县陶公祠

陶公祠又称"靖节祠"，位于东至县东流镇南牛头山，在长江南岸，为纪念东晋著名诗人陶渊明的祠馆。祠前有院落，鹅卵石道引入院门。门前5棵垂柳（陶渊明归隐时，宅前曾植5棵柳树，号"五柳先生"），婆娑多姿。晋时，东流一带属彭泽，陶渊明任彭泽令时，曾在此种菊、赋诗。后人敬慕他高风亮节，立祠以祀。祠始建年代无考，明弘治三年（1490）重建，万历元年（1573）复建，清顺治二年（1645）移至今址。祠掩映于翠竹绿树之中，高墙围合，有大厅一座、厢房两排。院门上方镌"陶公祠"石质匾额。院内左右两侧各有花台，种植菊花，中有鹅卵石甬道通向厅门。厅中立陶渊明塑像，上悬"松菊犹存"匾额。厢屋陈列与陶渊明相关的史料。

陶公祠环境优雅清新，而又气势壮阔。左为学湖，碧水粼粼；右有七里湖，烟波浩渺。陶公祠在建筑象征寓意和环境设计上，颇见功力。设计者以精准的建筑语言，表现了诗人的人格、情趣。祠宇恰如用"白描"手法勾勒的江南民居，黛瓦粉墙，翠竹掩映，菊花吐芳，使人倍感亲切平和。

# （九）合肥包公祠

包公祠为一组祠堂建筑群，位于合肥市包河公园香花墩，全称"包孝肃公祠"，是纪念北宋名臣包拯的专祠。宋仁宗时，包拯任天章阁待制、龙图阁直学士、开封府尹，官至枢密副使，死后被封为东海郡开国侯，追授礼部尚书，谥号"孝肃"。北宋治平三年（1066），合肥城即立包公祠祭祀，以后各代屡毁屡建。明弘治年间于现址建包公书院，与城内包公祠并存。清初，城内祠毁，书院改为包公祠。包公祠受到历代政府与人民的重视和保护，并多次予以修葺。现存包公祠为清光绪八年（1882）重建。祠堂为三合院形式，由照壁、大门、二门、正殿、回栏轩、清心亭、留芳亭、廉泉亭、直道坊、东轩和内外廊房等建筑组成。祠内陈列有从包公家族墓葬中出土的文物，另有包公支谱、包公家训和墨迹等，后又兴建了"包公故事蜡像馆"。1999年值包拯诞辰1000周年之际，蜡像馆内创作了《怒弹国丈》《铡美案》《打龙袍》等主题蜡像，人物造型逼真传神，充分展示了包拯清正廉洁、刚正不阿、铁面无私的精神。距包公祠不远，还有建于1989年的仿宋式建筑群包公墓园及1999年建成的清风阁，二者与包公祠比邻呼应。

香花墩曾是包拯读书处。香花墩四面环水，一桥径渡，杨柳盈岸，菱荷满池，竹树掩映，白墙青瓦，宛若江南民居，为游憩佳境。因包拯为官清正，俗呼"包青天"，历代士绅民众都通过环境营造，以彰显包公的廉洁无私形象，如在包河中种红花藕，且藕内无丝。"无丝"即"无私"的谐音，象征包拯铁面无私。祠旁有亭，亭内有井，名曰"廉泉"，据传，此泉禀包拯灵气，能惩恶扬善，清廉者饮之甘甜爽口、心旷神怡，贪腐者饮之则病痛不堪。

包公祠大门，为三开间八字形建筑，中间高，两头低，大门上悬挂一方竖匾，上书"包孝肃公祠"5个大字。对开黑漆木门，上有红底金字对联："忠贤将相，道德名家"，当是历代人们对包公的概括和评价。

正殿5间，两厢值房各3间，屋后回廊相连。大殿正中设包拯坐像，墙嵌包拯石刻像，梁悬"色正芒寒""清风亮节""庐阳正气"匾额。包拯坐像头戴长翅乌纱帽，身穿官服，面容严肃，似正升堂审案，展现了包拯清正廉洁、刚正不阿、铁面无私的高大形象。王朝、马汉、张龙、赵虎侍立两旁。坐像左边，有三口铡刀，分别为龙头铡、虎头铡、狗头铡，均长约2米。据说，这是包拯知开封府时皇帝御赐，可以先斩后奏。龙头铡专铡犯罪的皇亲国戚，虎头铡专铡贪官污吏，狗头铡专铡恶霸劣绅。

正殿墙壁上嵌有一方包拯石刻画像，为包拯任开封知府时请画师所绘。此像虽为清代临摹本，但对于了解和研究宋史，十分珍贵。包公祠内，历代众多文人学士留下大量碑记、楹联、匾额、诗词等。

# 六、祠堂建筑

在传统社会，一些名宗望族通常建有总祠（宗祠）、支祠、家祠系统。安徽各地均有祠堂建筑，现存祠堂以徽州数量最多。

徽州祠堂大多建于明清时期，基本为三进式布局，"前堂后寝"，砖木结构，与民居建筑类似。

祠堂第一进为"仪门"，也被称为"门楼"。仪门一般 5～7 间，进深两间，为歇山式建筑，由大门和门厅组成。数十根粗大的立柱和月梁组成了大门主体结构，屋檐深达 1 米，形成高翘的大翼角，犹如凤凰展翅欲飞，故被称为"五凤楼"。五凤楼下中间的大门叫"仪门"，前面一道临街的门被称为"棂星门"。平时，宗祠只开中门外围的栅栏门和侧门，有重大宗族活动举行时，才会将仪门打开。秦琼和尉迟恭是仪门上最常见的门神形象。穿过门楼，就是天井，天井甬道多用石板铺设。甬道平时禁止人行走。只有宗族中德高望重的长者在举办重大活动时，才能从仪门进入，沿着甬道，步入正厅。天井两侧多植柏树、桂花树，寓意宗族代代兴旺富贵。大型祠堂的天井两侧围墙通常建有回廊，既便于族人在举行宗族活动时避雨挡风，又便于摆桌举办酒席。族人依长幼尊卑排序，于廊下进餐，以增族谊。

第二进为"享堂"，是处理宗族大事和祭祀祖先的场所。它是整个宗祠中最重要的礼仪场所。享堂通常要比天井高几级台阶。

第三进为"寝楼"或"寝殿"，多为两层楼房，供奉着宗族祖先的牌位，是宗祠的核心部分。在布局上，祖先牌位及供桌靠后墙，以便为族人行跪拜礼留出较多空间。整座祠堂建筑群，从仪门到寝楼，由低到高，逐步向上，这样的空间序列既营造了庄严肃穆的气氛，更彰显了尊崇祖先的礼制。

# （一）徽州区呈坎贞靖罗东舒先生祠

"贞靖罗东舒先生祠"坐落于黄山市徽州区呈坎村北首，坐西向东，面灵金山，临潀川河，为呈坎前罗的一座支祠。该祠始建于明嘉靖年间，后堂扩建于明万历三十九至四十五年（1611—1617）。祠堂占地面积 3300 余平方米，四进四院，进深 79 米，建筑面积 2000 余平方米，按文庙格局兴建，主要由照壁、棂星门、左右碑亭、正门、两庑、露台、大堂、寝殿等组成，北侧是厨房、杂院，南侧有女祠。女祠坐东向西，与男祠正好相反。整个祠堂分前、中、后三进，五档山墙，层层升高，显得气势宏伟、威武。第一进为仪门，第二进为享堂，堂上匾额为明代著名书法家董其昌手迹。享堂高大的板门照壁后，又是一个天井，其后第三进是寝殿"宝纶阁"。

临潀川河建有一座高大的弧形照壁，正对着棂星门。棂星门为一座 5 开间木栅栏牌坊式大门，6 根大石柱一字排开。石柱顶部均雕有"朝天吼"。棂星门与照壁、院墙组成空阔开放的前庭院落。

仪门，位于棂星门之后，面阔 7 间，进深 10 米，通高 9.5 米。门柱一联："教子有遗经，诗书易礼记左传春秋；传家无别业，状解贡进士榜眼探花。"

享堂，是祠堂核心建筑，用于祭祀祖先、春节拜祖、族人议事、举行庆典、执行族规、宴请功成名就的族人等。享堂面阔 5 间，进深 5 间，高 13.6 米。享堂悬一长 6 米、高 2.5 米的巨匾，上镌"彝伦攸叙"四字，也是董其昌所书。匾额下有一方可开启的板壁，男性灵位入祠时，打开板壁门，放进后面寝殿。享堂南侧的女祠，为 3 开间，面积 160 平方米，尚不及男祠十分之一。厅堂用于祭祖，神座用于安置罗家先妣神牌。一般罗氏妇女灵位只能入女祠，且牌位较小。仅极少数特殊女性，如贞妇烈女、受诰命封赏的妇女或丈夫、儿子为高官显贵的女子，可以入男祠。

后寝"宝纶阁"，用于珍藏历代皇帝赐罗氏家族的诰命、诏书等恩旨纶

呈坎罗东舒祠仪门

音，故得名"宝纶"。后来约定成俗，也用于称呼整座祠堂。前廊 10 根立脚方石柱一字排开，石柱四面向内凹进，柱基石为 16 边形。走廊前沿和三道台阶两边用 26 块青石板筑成护栏。屋面穹圆形，檐角、梁斗栱、梁头、柱、平盘斗等构件均雕有各种精致的云纹、花卉图案，令人目不暇接。梁柱和额坊上的彩画借鉴了波斯、阿拉伯等国的几何工艺图案，形成具有江南特色的"包袱锦"图案，精美典雅，无一雷同，至今仍锦艳如初，令人称奇。由左右各 32 级木楼梯上楼，楼上也是 11 开间，12 柱并列。屋顶阁栅外露，外饰雕花水磨青砖。屋脊南北两端各置一只哺鸡兽。寝殿宝纶阁是该祠精华，歇山顶九榀，外加楼梯间二榀共 11 间，通面阔 29 米，进深 10 米，台基高 1.33 米，寝殿高 7.5 米，阁高 4.7 米。台阶、扶栏的望柱头上均饰以浮雕石狮。阁前高悬明代孝子吴士鸿手书"宝纶阁"巨幅匾额。宝纶阁用料硕大，宏阔壮观，比故宫太和殿仅少两个开间，高台基，垂带及石栏板雕饰精美，实属罕见。宝纶阁以巧妙的结构、精致的雕刻、绚丽的彩绘，集古、雅、伟、美于一体，堪称明代古建筑一绝。

宝纶阁木雕与彩绘

# （二）绩溪县龙川胡氏宗祠

绩溪龙川胡氏宗祠，位于绩溪县瀛洲乡大坑口村南，西距县城 12 公里。宗祠始建于宋，明嘉靖年间，兵部尚书胡宗宪主持大修，清光绪二十四年（1898）再度修葺。建筑形制与雕饰仍保留了明代徽派建筑艺术风格。宗祠坐北朝南，前后三进，建筑面积为 1146 平方米，精彩绝伦的木雕是祠内一绝，素有"木雕艺术厅堂"之称。这里山清水秀，幽林邃壑，远山如黛，近水溪流。1988 年，胡氏宗祠被列为第三批全国重点文物保护单位。

胡氏为绩溪望族，历史上，胡氏不但子孙多、人丁旺，而且名人辈出。明嘉靖年间，胡宗宪考中进士，先后任浙江巡按御史、右都御史、兵部尚书、太子太保等职。胡宗宪在为官期间，大规模修缮胡氏宗祠，使胡氏宗祠发展到顶峰。

胡氏宗祠，青砖白墙，厅堂典雅，竹树掩映，具有浓郁的徽州民居特征。宗祠内主要有门厅、回廊、正厅、寝殿等建筑，分列于中轴线上，前低后高，逐进递增。门、厅、室、廊之间，设置了天井。天井中辟有甬道，植有花木。

门厅，为门楼式建筑，门高10.5米，面阔7间，宽22米，进深8米。门楼重檐歇山顶，屋角上翘，总体造型似大鸟展翅欲飞，俗称"五凤楼"，取"丹凤来仪"之意。门楼额枋雕以历史戏文、龙狮相舞等图案。门厅前台基约100平方米，空旷宜人。麻石砌成阶墀、栏杆，两边设6个花岗岩石旗杆碇石。门厅两旁石座上各立一石狮，相互对视，威风凛凛。隔龙川溪建有一道24米长的八字照壁，青瓦粉墙，花砖为脊，与祠堂隔溪相对。这种布局为典型的明清以来徽派祠堂建筑风格。

正厅，是胡氏宗祠主体建筑，面阔5间，为胡氏族人聚会和祭祀祖先之所。厅内梁柱门窗制作精良，装饰华丽，14根圆柱，高6.5米、柱周长1.66米，以银杏木制作而成，立柱竖在莲花瓣柱榍上，底层为八角形磉基。这在其他古代祠堂建筑中很难见到。正厅的每根屋梁，两端皆有椭圆形梁托，梁托上雕刻着彩云、飘带，中间分别镂以龙、凤、虎，檩上镶嵌片片花雕，连梁钩均刻有蟠龙、孔雀、水仙花、万年青，玲珑别致。正厅两侧和上首的雕花更是别具一格。两侧各10扇落地窗门以"出淤泥而不染"的荷花为主体图案，花形千姿百态，无一雷同。更惹人怜爱的是花中有物，物中有景。荷花在池水中荡漾，或微波粼粼，或浪花朵朵；花群之中有鸟翔蓝天、鱼潜水底、鸭戏碧波，还有蛙跃荷塘、鸳鸯交颈，把整个荷塘画面描绘得生动逼真、妙趣横生。后进为寝殿，面阔7间，上下两层，重檐建筑。楼上朝南一排窗棂，屋面脊部全以"卍"字花砖砌成，饰以走兽、鳌鱼，气宇轩昂。

胡氏宗祠是集徽派木、砖、石、竹"四雕"及彩绘之大成者，尤以木雕工艺最为精湛，有"木雕博物馆"之誉。柱础、梁枋、斗栱、雀替、博风、槅扇，皆雕刻精美。浮雕、圆雕、镂空雕并用，图案美观，引人注目。其表现手法，或简练粗放、浑厚拙朴，或精湛细腻、玲珑剔透，场面宏阔，别具匠心。如额枋上雕饰的战争画卷，着力于万马驰骋、吞云吐雾之势的表现；槅扇上"荷花图"组图立意深远，以枯衬荣，以图宣教；"百鹿图"则寓意福禄，情趣生动。

胡氏宗祠既富有浓厚的地方特色，又完整保持着明清时期的建筑艺术精华，具有重要的历史文化价值。

# （三）徽州区潜口金紫祠

徽州区潜口金紫祠，位于潜口街口。有"金銮殿"之称的潜口汪氏金紫祠，传说是模仿紫禁城保和殿而建的，规模宏大、气势壮观，有"民间第一祠"之誉。该祠于宋隆兴二年（1164）赐建，明正德九年（1514）迁于现址。汪氏为徽州望族，据碑文记载，汪氏81世祖汪一诚，承父兄之志（其父"文显"，兄"一中"），捐地千步，捐银3000两，加上汪士明捐银300两，于明万历二十年（1592）奠基修建，二十九年（1601）竣工；清康熙五年（1666）和1936年又进行过两次大修。祠前有一座四脚石坊，上有汪文显题写的"金紫祠"3个醒目大字。

金紫祠坊

该祠坐北朝南，通进深达 196 米，占地近 7000 平方米。整个建筑群沿中轴线对称布局，由南至北依次为牌坊、三源桥、棂星门、戟门、碑亭、仪门、露台、驰道、回廊、享堂、寝殿。寝后配有坐西朝东之汪华公庙，为祭祀汪氏先祖越国公汪华而建。现存建筑为金紫祠坊、戟门、碑亭、后寝及汪华公庙部分建筑，其他建筑遗址尚存。祠前有一座四柱三间石坊，上刻"宋敕建"及"金紫祠"醒目大字。自建成以来，金紫祠历经沧桑，屡遭破坏，幸于2013 年在原址修复重建。

# （四）歙县棠樾男祠与女祠

棠樾牌坊群旁有两座祠堂，一为鲍氏敦本堂祠，俗称男祠，位于慈孝里坊北侧，又称万世公支祠。它始建于明代嘉靖末年（1561），清嘉庆六年（1801）重修。祠堂坐北朝南，三进五开间，进深 47.11 米，面阔 15.98 米，砖木结构。门厅五凤楼式。大门前有石坦，置六角形旗杆墩 5 对。靠近祠堂有石阶，皆青石板铺就。祠门两壁呈八字形墙，满饰砖雕。整座祠宇，结构简洁，工艺精湛，布局合理，气势恢宏壮观，具有浓厚的徽州古建筑特色。

另一为鲍氏姒祠，又名清懿堂，俗称女祠，建于鲍灿坊西。清懿堂破"女人不进祠堂"的旧例，为国内罕见。整座女祠坐南朝北，面阔 16.9 米，进深 48.4 米，5 开间，三进两天井，依次为门厅、清懿堂主厅和寝堂与享堂。整座建筑以硬山式高低错落马头墙外观为主要特色，唯有后进部位为歇山式阁楼。石制柱础、龛座、栏杆、抱鼓石，砖饰八字墙，木制雀替、梁柁、外檐柱撑等，皆施精细雕刻，典雅细腻，柔中透刚，玲珑剔透，精美绝伦。后进寝堂，天井深池，两旁有廊庑，沿石阶通享堂。寝堂龛座上，供奉鲍氏女主牌位，将棠樾鲍氏贞节烈女，按世系顺序排列，让后人顶礼膜拜，四时祭祀，奉为楷模。

# （五）黟县屏山庆余堂、光裕堂

屏山古村内保存有光裕堂、庆余堂、成道堂等 7 座祠堂，民居 200 余栋。光裕堂坐落于屏山村西面，与村中主路相隔不远。由村中主路分出的支路从祠堂门前经过，并在祠堂广场前面形成通向村内的 4 条主要巷道，因此光裕堂处于十分重要的地理位置。光裕堂建于清代，原来祠内有彩塑砖雕菩萨罗汉 300 余尊，俗称"菩萨厅"。祠堂门楼及内部雕饰，十分精美。穿过光裕堂，隔一短巷便是庆余堂。

庆余堂建于明万历年间，是明代祠堂建筑精华。它是舒姓家祠，5 开间，占地 600 余平方米。祠正面是水平形高墙，墙上用水磨砖砌成四柱三间三楼的贴门楼坊，雕琢简朴大方；高大石砌门坊中，有方砖铺面的厚实木门，方砖衔接处用铁皮压缝，成斜方形花格，每块砖中央钉有圆头大铁钉，不仅牢固，而且显得庄严。祠分前、中、后三厅，每厅构架全用银杏木建造，步架

光裕堂

规整，蔚为壮观。大柱直径达 2 尺，柱础为覆盆式，础石与柱底间有梓木为榫，保留了明代营造技法；月梁硕大，呈梭状。柱梁出挑，由斗栱承托；脊瓜柱下的平盘斗，呈仰莲瓣形；脊瓜柱两侧叉手上，雕卷草纹木刻，刻度深，起伏大，形若彩带，雕工精美，形制上颇具宋代法式遗风。梁头丁头栱亦雕有卷心花饰，梁下雀替亦有精细雕刻。檐下一排斗栱，气势宏伟。

在传统的祖先崇拜观念、宗法伦理观念、风水观念的影响下，光裕堂等祠堂形成了屏山村的精神文化中心。东南大学建筑学院潘谷西教授在《中国建筑史》中，把徽州祠堂建筑分为 4 种类型。这 4 类祠堂的形制一般都是一堂三室格局。而光裕堂是屏山村中现存 7 座祠堂中较为特殊的一座。因为它是由清代的舒光裕堂与明代的舒庆余堂两座祠堂构成，均以朱熹《家礼》为蓝本建造；它们一南一北，拥有同一条中轴线，这种组合方式在整个徽州地区乃至全国都是极其少见的。

# （六）歙县郑村郑氏宗祠

郑村集中保留了一批明代建筑。郑氏宗祠建于明万历四十三年（1615）前，祠堂南向，沿中轴线依次建有门坊、门厅、享堂和寝堂等。门坊为三间四柱五楼，梁柱枋额饰以锦纹，工丽典雅。享堂构筑宏敞，梁柱用材硕大。月梁、瓜柱、平盘斗等均施云头卷草雕饰；斗栱采用斜栱，装饰性强。

郑氏宗祠现设"古徽州民俗风情展"，通过实物与表演艺术，再现了古徽州民俗风情。

郑村贞白里坊

# （七）黟县南屏祠堂群

祠堂群是南屏村鼎盛时期的标志，叶、程二姓在村中大兴祠宇。

叶氏祠堂。如今，村中从横店到真公厅约 200 米的轴线上，还保留着 8 座代表不同宗族的祠堂。据《南屏叶氏族谱》卷一《祠堂》记载，南屏叶氏自明成化年间开始建造祠堂。叙秩堂即建于明成化年间，为南屏叶氏宗祠，三进五开间，规模宏大，营造精细，曾于清康熙十三年（1674）、乾隆十五年（1750）、乾隆三十九年（1774）重修，现保存完好。叙秩堂曾为电影《菊豆》老杨家染坊取景场地，现还保存着当年拍电影时的道具，如晾布架、砸制染料的工具等。奎光堂建于明弘治年间，占地约 2000 平方米，歇山式重檐建筑，端庄轩敞，典雅大方，气度雄伟，于清雍正十七年（1739）、乾隆五十二年（1787）重修，是现今南屏村保留完好的 8 座祠堂中规模较大的一座。南屏村叶氏更多的祠堂建于清代，明代建筑的祠堂在清代也得到了多次修复，如建于清康熙年间的尚素堂，康熙二十五年（1686）的仪正堂，乾隆三十五年（1770）的永思堂、德辉堂，乾隆三十九年（1774）的钟瑞堂，乾隆五十五年（1790）的敦仁堂，嘉庆七年（1802）的继序堂，嘉庆十五年（1810）的念祖堂等。

程氏祠堂。程姓在南屏村先后建有 7 座祠堂，其中以建于清乾嘉年间的宏礼堂最有名。宏礼堂又名程家祠堂，坐落于南屏村西边的程家街，坐东朝西，开间 10.15 米，进深 27.2 米，建筑面积 276.1 平方米，门口两根"黟县青"大理石柱及数十根方柱支撑，大门口八字墙分列两侧。门屋雕刻精美，中进卷棚轩精致华丽。门楼入口一对抱鼓石（石镜）精美，雕刻十鹿、八骏图、博古图案等。维修后的程家祠堂现为村支部办公场所，挂有村支部委员会、村民委员会、社区服务中心及"农家书屋""阳光之家"等诸多标示牌，俨然南屏村的"文化礼堂"。

# （八）祁门县渚口贞一堂

贞一堂位于祁门县渚口村，为倪氏宗祠。祠堂坐北朝南，占地1267平方米，有屋柱108根，取"三十六天罡星、七十二地煞星"之意，以示世系绵延源远流长。享堂正脊脊柱高12.2米，称得上是"天下第一柱"。祠堂大门旁有一对"黟县青"制成的抱鼓石，雕有"龙凤呈祥""麒麟送子"等图案。步入大门可见祠堂前进，左右有两厢房，中为通道，遇节日或庆典，就在前进搭台演戏。中进正厅为整座建筑的主体，有木柱10根，需2人才能合抱。贞一堂用料精良，规模宏大，雕刻精美，被誉为"徽州民国第一祠堂"。

此外，歙县北岸的吴氏宗祠、大阜的潘氏宗祠，绩溪县城的周氏宗祠、瀛洲的章氏宗祠、磡头村的许氏宗祠等亦是徽州祠堂的精品。

# 七、名居建筑

## （一）徽州区西溪南镇老屋阁

　　老屋阁，坐落于黄山市徽州区西溪南村。明代中叶宅第，又称吴息之宅，坐东北面西南，五间二进。整个建筑共两层，下层矮，上层高，占地342平方米。阁正面为水平形高墙，侧立面与正面山墙参差错落。山面梁架用穿斗式，栱眼内有精美雕花。双步梁端饰以云雕，三梁架上脊瓜柱承托脊檩。两侧置雕花叉手，形如卷云飘带。天井四周围有一圈雕饰精美的栏板，栏板上置"美人靠"。

　　绿绕亭，在老屋阁东南墙脚下的池塘畔。该亭始建于元天顺元年（1328），于明景泰七年（1456）重建，正方形平面。其装饰风格类似老屋阁，但月梁上绘有包袱锦彩绘图案，典雅工丽，有元代遗韵。临池一侧置飞来椅，供人憩息。

　　老屋阁与绿绕亭造型新颖别致，又相得益彰，形成了完美的建筑群。这两座明代遗构雕饰精丽而不落俗套，均为徽派建筑的精品。老屋阁与绿绕亭均已成为全国重点文物保护单位。

# （二）屯溪区程氏三宅

程氏三宅，坐落于黄山市屯溪区柏树街东里巷6、7、28号，为明代文学家、礼部右侍郎程敏政的宅第，是明代宅第之瑰宝。三宅结构大体一致，前后两进，砖木结构。底层构架采用了抬梁式。浑厚的月梁穿入金柱，丁头栱插入大梁两端柱内，与梁平行，支撑梁架。粗大的柱落在等腰八角形石碛上，柱础与柱之间有木楎。三宅楼层分间隔断，用编苇夹泥墙，方法是：先用芦苇秆编织固定，然后用黄土、石灰和稻糠搅拌成黏糊状涂抹，再在表面抹刀麻石灰膏，不仅光洁，且利于防潮，还减轻了建筑物的荷载。屋面盖蝴蝶瓦，四周筑封火墙，每宅均为五开间两层穿斗式楼房，中有天井。门楼内开，门罩朝里做。

程氏三宅

　　三宅中6号宅的楼上主厅面积较大，上下开间不一致，底层于明间左右另加两排短柱，分隔成相等的开间。这种建筑方法使底层受力更为均匀。楼上前檐排柱间，装有飞来椅。柱的断面四方抹角，柱上端插栱两挑，托住檐檩。上下梁表面均有包袱锦和角叶彩绘，彩画纹样似绫锦编织物，至今仍清晰可辨。6号宅还存有明天启元年（1621）买卖房契一纸，现藏黄山市屯溪区文物管理所。

# （三）屯溪区程大位故居

　　明代珠算大师程大位故居，坐落于屯溪区前园村，始建于明弘治年间，距今已有500多年历史。故居为明代徽州古民居建筑，马头墙，小青瓦，砖木结构。大门为内外门楼，上饰精美的徽州砖雕。门内为天井，晴天可望蓝天白云，雨季可观屋檐雨水流汇、四水归堂。故居为两层，一脊二堂三开间，

程大位故居

东西厢房列两边，建筑面积500多平方米。前堂为客厅，挂程大位画像，悬六角宫灯，横梁上"程大位故居"匾额为著名数学家苏步青教授所题。两厢为程大位及家人住房。楼上大厅内陈列有古今中外各式算盘、程大位著作、《程氏宗谱》及各种珠算资料和图片。在众多展品中，最令人瞩目的是形状各异的算盘，大者有81档，长1.75米；小者如戒指，长仅2厘米，具有较高的观赏价值和文物价值。故居西侧为"宾园"，程大位号"宾梁"，故名。园内置回廊小径、花草山石，景致幽雅。墙垣窗户均为算盘图案，既具特色，又符合故居主人"珠算宗师"的身份，构思巧妙。

## （四）休宁县溪头三槐堂

坐落于休宁县城南5公里处溪头村的三槐堂，俗称"王家大厅"，专用于王氏族人聚会议事和兴办喜事。三槐堂原系明万历二十四年（1596）乡举人王经天故宅，因建造时庭院中栽植有3棵槐树而得名，为古建筑类全国重点文物保护单位。建筑群主轴前后原有三进（后进已不存）11开间，由门厅、享堂、寝堂组成，共约1500平方米，有182根屋柱，柱径80～100厘米。整个大厅内含9个小厅，场面宏大，厅堂宏阔，气势壮观，俗有"金銮殿"之称。三槐堂当是按祠堂规制营建的，建筑群两侧配有多处小天井，布置多种辅助用房，功能十分齐全。据传，由于这组豪宅僭越了明代《舆服志》"六至九品官厅堂三间七架"之制，被人发现后，竟被惩罚性地称为"茅厕厅"。所以，明清徽商害怕僭越礼制，营建的住宅多小而精，注重装修装饰，三雕富丽，匾联字画满目。

## （五）黟县宏村承志堂

承志堂位于宏村上水圳，为清末徽商汪定贵于咸丰五年（1855）建造的私家住宅。全宅占地2100平方米，建筑面积达3000多平方米，拥有内房28

间、门60扇、木柱136根、大小天井9处、两层楼房7处。宅内设有外院、内院、前堂、后堂、东厢、书房厅、鱼塘厅，还有打麻将牌的"排山阁"、吸鸦片烟的"吞云轩"，以及保镖房、女佣居室、贮藏室、厨房、马厩、地仓、轿廊、走马楼、花园，并设有活水池塘和水井等，可谓应有尽有，功能齐全。宅内的雕刻装饰十分精美，徽州三雕工艺在此都可以找到精品。全宅建造耗银数十万两，仅木雕表层饰金即用去黄金百余两。全屋木雕由20个工匠辛劳四余载，方大功告成。

　　承志堂可谓目前徽州保存最完好、规模最大、功能最齐全的民居，是徽州民居的经典之作、代表之作，是安徽省重点保护文物。另外，宏村还保存着诸多精品民居，如建于康熙三十八年（1699）的安徽省重点文物保护单位"三立堂""乐贤堂"，建于乾隆年间的"冒华居"，建于嘉庆二十年（1815）的"德义堂"，建于道光十五年（1835）的"碧园"等，都在默默诉说着清代中晚期宏村房屋之精丽。

承志堂

# （六） 绩溪县上庄胡适故居

胡适故居位于绩溪县上庄镇上庄村西北，是一座典型的晚清徽派建筑，现为安徽省重点文物保护单位。它始建于光绪二十三年（1897），占地面积1100平方米。主体建筑二进，前后两天井，二层通转楼，砖木结构，硬山屋顶。其厅堂木雕装饰与厅堂陈设，使整栋建筑洋溢着浓郁的书香门第气息，胡适在此氛围中接受了9年的私塾教育。中堂悬胡适中年的半身水墨画像，上方匾额书"持节宣威"四字，左右配以胡适生前老友钱君匋书写的"身行万里半天下，眼高四海空无人"的对联和题记，板壁悬挂着海内外知名人士书赠故居的字画，令人感到诗情画意、艺文荟萃。然而，最能引起游客兴趣的还是卧室窗板和两厢房落地门上的那些兰花木雕。前后厅堂6块窗栏板、槅扇门4块槅心均雕刻兰蕙图案，是胡适故居装饰文化的亮点。胡适父亲胡铁花文化素养与品位甚高，据说在建房时曾要求："略事雕划，以存其朴素。"这种审美情趣在故居上体现出来：故居大门用水磨青砖净缝砌筑，门的上方有4块砖雕装嵌，五飞砖之上是瓦顶，东西两端发戗腾翼，线条明快活泼。前檐下两角，用墨、赭两色绘以山水花鸟，简洁雅致。故居内部装饰以槅扇、窗栏、撑栱和雀替为主。而与当地其他民居不同之处是：槅扇、窗栏板上的兰蕙图，均采用平地阴刻技法，生动地刻画出兰蕙的高贵品质。这些构思新颖、技法娴熟之艺术精品，皆出自上庄徽墨的墨模雕刻能手胡国宾之手。他还在每幅窗栏板上镌刻了咏兰的诗句，如"兰为王者香，不与众草伍"，"珍重韶华惜寸阴，入山仔细为君寻。兰花岂肯依人媚，何幸今朝遇赏音"。可以想见，正是当年这些兰花融入了胡适幼小的心灵，使其爱兰思兰，具兰蕙之禀赋，1921年作白话诗《希望》，开篇就是"我从山中来，带着兰花草"。后该诗经谱曲，成为传唱一时的台湾校园民谣歌曲。

如今，胡适故居已全面整修，形成一个独立封闭的院落。院中建花台种植兰花，立胡适塑像，营造出"芝兰徽墨一处香"之情境。故居的各单体建筑内辟有多个主题展馆，如：故居复原陈列、胡适的家乡教育、胡适父母生平简介、新文化运动领袖胡适、出使美国的胡适、胡适家人及中外朋友、不同时期胡适先生像、胡适著作及胡适研究成果等，以纪念与缅怀胡适的一生。

## （七）绩溪县上庄敦履堂

敦履堂为明代民居，位于绩溪县上庄镇上庄村中，是安徽省重点文物保护单位。

敦履堂坐北朝南，面阔 3 间，进深 7 间，呈南北中轴线对称布局，平面呈"亚"字形。敦履堂为砖木结构，硬山式屋顶，二楼为通转楼，外围有风火山墙。墙体以一整砖扁砌，少占地皮，也是上庄寸土寸金的必然选择。敦履堂大门开在南檐墙中部，以两根讹角石门柱和一块如意石门额组成框户，上挑三线飞砖，东西发戗，饰以鳌鱼。整座大门简朴大气。天井设在前后堂之间，以花岗岩条石砌筑，四周下凹以便排水，轴线中条石横铺，形成市道。二楼天井的四周装置木雕矮栏，略有雕饰。该宅月梁、鹰嘴柱、丁头栱、楼板下置隔栅以及间壁墙用芦苇等法式，均表现出明代徽派建筑的典型特征，体现朴实典雅、以静求动、大气豪放的艺术追求。

## （八）绩溪县孔灵涅坡别墅

涅坡别墅又名"汪家大院"，位于绩溪县城西南 3 公里处的孔灵村，原为越国公汪华第 75 世孙汪遵居所，有"宋赐江南第一家"之称号。1928 年夏，胡适题名"涅坡别墅"。

该民居院落建筑面积 3600 平方米，格局完整，现存厅堂楼阁 20 余幢，均为二层或三层木构通转楼（楼层房屋有廊道相通），依山傍水，粉墙黛瓦，鳞次栉比，形成极具耕读文化特色的徽派古民居建筑群。园内古木花草清幽，古迹古建筑连片，主要有峻德堂、南屏读书、兰香书屋、临书别院、屏幽阁、紫瑞阁、忠烈庙、亲睦堂、活水开池、八角玄井、花厅戏台、叶里古庙、绿

雨轩、桂蕊流香、涅坡别墅、来龙亭、学子临帖堂、祖训家规厅堂、闺房紫
瑞阁、孔氏仙庙、谷仓厨房等等，起居、读书、祭祀功能一应俱全，弥漫着
书香、茗香、花木香，传递着士绅地主大家庭耕读传家的闲适情怀，是一处
可居、可游、可体验传统家居、家风与文化情怀的"故园"。

# （九）徽州区潜口民宅

　　潜口民宅，由明园、清园两部分组成。明园坐落于黄山第一峰——紫霞
山麓，占地 60 亩；清园坐落于观音山，与明园隔山谷相望。潜口民宅现为古
建筑专题博物馆。园中古建筑原本分散于歙县及徽州其他地区，当地政府将
这些明清民居用拆迁复原建设的方式，集中保护组成"潜口民居"，形成大的
合院建筑群。在拆迁又复建的过程中，严格遵守"修旧如旧"的宗旨，将这

潜口民宅

些建筑按照原来的形式、原来的式样、原来的风格复建。园内有明、清两代最典型的各式古民居、古祠堂、古牌坊、古亭、古桥等，以及距今 500 多年的古树、古井、古匾，具有极其重要的历史价值、艺术价值和科学价值。

明园是徽州明代民居的缩影。此地清代名"水香园"，为汪沅家别业，清咸丰年间毁于兵火。1984 年起，当地政府将原散建于潜口、许村等地的 11 座较典型又不宜就地保护的明代建筑集中于此，组成明代村落。明园包括山门一套，石桥、路亭、石坊各一座，祠社 3 幢，宅第 4 幢，品类与形式齐全。建筑类型多样，有祠堂、宅第、牌坊，也有小桥、路亭；时间跨度上，从明弘治八年（1495）延续到明中晚期；房屋主人，有商贾、豪绅、谏官、进士，也有普通农民。这里有体现徽雕技艺的"方文泰宅"，有江南现存最早的砖木结构民居"司谏第"，亦有保留元代营造手法的"吴建华宅"。这里可以见到简易实用的明代民居营造法，从天井设水池可反映出徽商"聚水如聚财"的心理。曹门厅，面阔 9 间，为砖木结构，建于明代嘉靖年间。苏雪痕宅，平面呈 H 形，一脊翻两堂，为三间两进楼房。方观田宅，平面凹形，为一进三间楼房。罗小明宅，为一进五间三层楼房。司谏第，为砖木结构，两进三间厅堂，弘治八年（1495）建。此外还有善化亭，建于嘉靖二十年（1541）；方氏宗祠坊，为白麻石高浮雕建筑，四柱三间五楼，建于嘉靖六年（1527），这座牌坊石雕工艺高超，"魁星点斗""石狮"及云板花盘装饰等，堪称艺术珍品。

清园，则对散落于徽州各地、不易保存的清代有价值的古建筑进行异地集中迁建，以便更好地保护和利用。园内迁建保护清代建筑民宅 11 幢，类型多样，既有典型清代风格的徽商住宅、官宦宅第、书香人家及平民住宅，也有古祠堂、古戏台、收租房、古井等。

# 八、亭台楼阁

## （一）合肥教弩台

教弩台，位于合肥市淮河路东段，为古"庐阳八景"之一。它始建于东汉末年，又名"曹操点将台"。在汉代，此处为津水与淝水交汇之地，西距合肥城5公里。相传，曹操在此筑台，练强弩以御孙吴水军，故得名。南朝梁武帝时，始于台上建寺，后屡有废兴。寺名"明教寺"，殿宇群壮观雄伟，香火旺盛，2016年再行修葺。

教弩台高5米，平面近似方形，东西阔约65米，南北深约53米。台南听松阁，正方形平面，有高2.4米砖砌台基，为当年曹操的强弩手休息纳凉之地，但今阁已非旧物。东南隅有一口"奇井"，因井口高于台外屋脊得名"屋上井"，井圈外壁镌刻："泰始四年（268）殿中司马夏侯胜造"字样。上罩一亭。

教弩台属高台建筑，为中国早期一种建筑类型。远在公元前14世纪，殷人就建造了鹿台。春秋战国时期，诸侯竞相建高台建筑，也使高台建筑达到鼎盛时期。但由于筑高台的土方工程量很大，往往耗费巨资，所以至魏晋南北朝时，高台建筑已逐渐式微。教弩台不仅为我国鲜见的高台建筑残迹，而且还是一种军事设施，着实令人惊叹。

# （二）滁州醉翁亭

　　醉翁亭是中国"四大名亭"之一，位于滁州市西南 3 公里的琅琊山中，始建于北宋庆历五年（1045）。山僧智仙建亭于酿泉旁，以为游息之所。庆历六年（1046），欧阳修任滁州太守，常于此会宾客，饮酒赋诗，"饮少辄醉"，自号"醉翁"，故名"醉翁亭"，并撰写了脍炙人口的《醉翁亭记》以记其事，传于世，亭因而名声远播。醉翁亭布局严谨小巧，周遭曲折幽深，富有诗情画意。亭周围有二贤堂、冯公祠、古梅亭、怡亭、意在亭、九曲流觞、醒园等胜迹。

　　醉翁亭极具江南亭台特色。它紧靠峻峭的山壁，飞檐凌空挑出，为单檐

醉翁亭

歇山顶，小青瓦屋面，平面呈方形，周设座槛、美人靠，颇具宋代建筑风格。亭东面山坡露一巨石，上刻篆书"醉翁亭"3个大字，又一山石上刻隶书"二贤堂"摩崖。二贤堂位于亭西北，为三间木构架青砖瓦建筑，堂内塑有欧阳修像。堂西为"宝宋斋"，为三间砖木瓦堂，明天启年间建，内藏巨碑二方，阳背四面刻苏轼手书全文《醉翁亭记》，所谓欧文、苏字，是为宋古迹中之珍宝。

宝宋斋边为"冯公祠"，祠南有"曲水流觞"。其间有一方亭，名为"意在亭"，取意"醉翁之意不在酒，在乎山水之间也"。亭周围尚有方池、古梅亭、怡亭、醒园、洗心亭等胜迹。整个布局蕴藏着中国文人的遗韵，散发出诗情画意的芬芳。

# （三）滁州丰乐亭

丰乐亭，位于滁州市城西的丰山北麓，北宋庆历六年（1046）由欧阳修始建。据《丰乐亭记》载，是年夏，欧阳修饮茶，觉水味甘甜，异于往日；因问侍从，知水取自幽谷一泉，于是亲往察考，"其上则丰山耸然而峙立，下则幽谷窈然深藏，中有清泉翁然而仰出"，便在此处凿石疏泉，辟地为亭，而与滁人往游其间。由于当年风调雨顺、五谷丰登，欧阳修遂名此亭为"丰乐亭"。

丰乐亭为三进院落式建筑，沿东西轴线布置，亭位于一进、二进之间。建筑平面为方形，单檐歇山顶，飞檐翘角，颇具宋代建筑风格。过亭二进为保丰堂，5间木构砖瓦房，堂前一古柏，传为欧阳修手植。出保丰堂过院至"危楼"为第三进，宋元祐九年（1094）改名"九贤祠"。祠左又建一"四贤祠"。清光绪年间，将危楼改为平房，前左为"棠舍"，右为"芥舟"，各为3间小瓦平房。丰乐亭大门外有幽谷，谷内古树苍翠。欧阳修记为："日与滁人仰而望山，俯而听泉。掇幽芳而荫乔木，风霜冰雪，刻露清秀，四时之景，无不可爱。"

## （四）马鞍山采石矶太白楼

太白楼，又名谪仙楼、太白祠、青莲祠，在马鞍山市采石矶。采石矶，位于马鞍山市西南的长江东岸，原名牛渚矶，为古津渡、古战场，东晋时已是江东胜地。太白楼为长江四大名楼之一，是后人为纪念唐代大诗人李白而建造的宏大楼阁。李白晚年寄寓当涂，曾多次来此漫游，写诗作词。楼始建于唐元和年间，宋、元、明、清，几次毁于兵火，今楼为清光绪三年（1877）建成。楼依山而建，前后三进，左右回廊，青石台阶，拾级而上。主楼3层，木石结构。通面阔34米，通进深17米，高18米，飞檐翘角，重檐歇山顶，黄绿琉璃瓦，雕梁画栋，金碧辉煌，与大片粉墙形成鲜明对比。大门两旁各有一尊石狮，形态活泼。门上有"唐李公青莲祠"金书横额，檐下两壁嵌有《重修太白楼碑记》和《太白生平碑文》。进入一楼，迎面有一巨大屏风，绘有"太白漫游采石画"，壁上挂"太白游踪图"。楼上设两尊黄杨木雕的太白像，微含醉意，豪放潇洒，神态飘逸，栩栩如生。楼内陈列有太白手书拓本、各种版本诗集，有名士文人诗篇、楹联、匾额和绘画，供人欣赏。登楼远眺，千里江流，万顷田野，尽收眼底，绮丽无比，素有"风月江天贮一楼"之称。

## （五）歙县太白楼

歙县太白楼，位于练江南岸，相传李白访歙州名士许宣平时曾在此饮酒赋诗，故得名。许宣平于唐景云年间隐居歙县紫阳山南坞，后有题壁诗："隐居三十载，筑室南山巅，静夜玩明月，闲朝饮碧泉。樵夫歌垅上，谷鸟戏岩前。乐矣不知老，却忘甲子年。"天宝年间，李白自翰林出，在洛阳传舍，见到这首传抄的诗篇，赞曰："此仙人诗也！"于是前来访许，未遇，留下《题许宣平庵壁》："我吟传舍诗，来访真人居。烟岭迷高迹，云林隔太虚。窥庭但萧索，倚柱空踌躇。应化辽天鹤，归当千岁余。"太白楼始建于唐，屡圮屡兴，现有前后两进，依山傍水，古雅飘逸。

## （六）宣城谢朓楼

谢朓楼，位于宣城市区中心，是一座文化名楼，名列"江南名楼"，为南齐著名诗人谢朓任宣城太守时所建，惜毁于抗战烽火。现在原址复建，规模依旧。

谢朓于南齐建武年间出任宣城太守，于城关陵阳山顶建造一室，取名曰"高斋"，在任期间理事、生活于此。唐初，宣城人为怀念谢朓，于"高斋"旧址新建一楼，因楼位于郡治之北，故名"北楼"；又因该楼建成时，敬亭山已经扬名，登楼可眺望敬亭山，故又称为"北望楼"。唐代李白曾多次来宣城，登此楼凭吊，赋诗抒怀。《秋登宣城谢朓北楼》诗脍炙人口，千古传唱。诗曰："江城如画里，山晚望晴空。两水夹明镜，双桥落彩虹。人烟寒橘柚，秋色老梧桐。谁念北楼上，临风怀谢公。"因李白之诗广为传颂，故该楼又被称为"谢公楼""谢朓楼"。此后在楼的周围建有条风、清署、迎春、观风、双溪、怀谢等亭阁。历代文人名士慕名而来，登楼观赏者络绎不绝，赋诗题咏者不计其数。

1997 年，一座四檐高飞、曲径回廊、气势可观的新谢朓楼在旧址上重现。它笑对开元塔，俯视宛溪水，雄踞闹市中心，尽览古城新貌。1998 年 5 月，谢朓楼遗址被列为省级文物保护单位。

## （七）凤阳县明中都钟鼓楼

明中都钟楼、鼓楼，位于凤阳县原府城中央。两楼同建于明洪武八年（1375），相距 3 公里，左右对峙，雄伟壮观。明崇祯八年（1635），钟、鼓楼被焚毁。崇祯十二年（1639），鼓楼依原貌重建，清咸丰三年（1853），再度被焚，但台基尚存；1959 年、1982 年两次整修。鼓楼台基长 61.5 米，宽 34.3 米，高 17.5 米。台基三道门出口处，均砌有白玉石洞券。据明天启《凤阳新书》载："筑台，下开三券，上有楼九间，屋檐三覆，栋宇百尺，巍乎翼然。"从鼓楼台基看，其与记载基本相符。

明中都钟鼓楼形制新颖，规模及工艺均居明清钟鼓楼之冠。1982 年，明中都钟鼓楼被列入全国重点文物保护单位。

# （八） 和县镇淮楼

镇淮楼，俗称鼓楼，坐落于和县城关南门，始建于南宋宁宗年间，明清曾多次修葺。清光绪十七年（1891），知州罗锡畴重修，并书楷体"镇淮楼"横额。镇淮楼建于高 11 米的台基上，楼基平面呈"凹"形，东西长 50.5 米，南北宽 21 米，内筑土，外砌砖。基下中央有一拱门南北相通。楼面阔 3 间，进深 2 间，两层。楼为砖木结构，周环 16 柱回廊，重檐歇山顶，屋檐飞出，翼角起翘。楼内尚存 4 个石础，为宋代遗物。一般认为，"镇淮"之名可能与南宋末年江淮地区抗金的"镇淮军"有关。

# （九） 泾县踏歌岸阁与文昌阁

踏歌岸阁，位于泾县县城西南 45 公里陈村桃花潭东岸，为二层楼阁式建筑，木构砖瓦结构，建筑面积 300 平方米。它始建于明代，清乾隆年间重建，民国初年重修。

相传，唐代乡人汪伦以"十里桃花，万家酒店"为名邀李白游桃花潭，并予以盛情款待。至李白离别时，汪伦送行至阁下东园古渡口。送行者踏地为节，挥手作歌。李白深为感动，为答谢汪伦的深情，在此写下"李白乘舟将欲行，忽闻岸上踏歌声。桃花潭水深千尺，不及汪伦送我情"的著名诗篇。后人为纪念李白与汪伦的深情厚谊，称此渡口为"踏歌古岸"，并在此建"踏歌岸阁"。

踏歌岸阁于 1984 年修复，由著名书法家张恺帆重书"踏歌岸阁"匾。阁构思奇巧、装修典雅。阁址在古渡岸边，入阁即到南阳古镇正街，出阁便可到古渡上船。底层供行人出入、休憩；二层供游人登临，凭栏远眺，桃花潭古渡胜迹尽收眼底，万家酒店及古街民风跃然眼前。

文昌阁，位于泾县县城西 45 公里水东翟村村首。乾隆三十二年（1767），翟氏家族为显扬文风昌盛捐款建造，嘉庆四年（1799）、道光二年（1822）和1938 年曾三次重修。

文昌阁呈八角形平面，三层砖木结构，楼阁式建筑。阁高 25 米，由下而上逐渐收分，八角起翘，攒尖顶三重檐。阁周院墙环绕，院内有池水一泓，池畔遍植苍松翠柏、奇花修竹。阁底层正面有"盛世文明"匾额，正门左右侧壁镶清代书法家赵青藜撰书的"建阁碑"及翟民撰书的"建阁义输碑"，二层上悬"文光射斗"匾额，三层上挂"黄登云梯"匾额。阁内装修及家具陈设书香四溢，异常古雅。登阁小坐，莫不令人怀古文风，浮想联翩；登阁远眺，古老秀丽的南阳古镇、如诗如画的桃花潭古渡尽收眼底，莫不令人心旷神怡。

# （十）黄山玉屏楼

玉屏楼，在黄山天都、莲花两峰间，是从温泉区至北海的必经之地。它背靠玉屏峰，前拱文殊台，左有狮石，右有象石，势若门神。明万历四十二年（1614），普门和尚攀涉至此。他在代州时梦文殊菩萨端坐石台情景，与此境恰合，遂辟径构屋，名文殊院，悬文殊像。院左侧下方有文殊池（今名天池），前有一线天、文殊洞，西有立雪台；狮石前有迎客松，象石前有送客松。伫立于此，可望天都、莲花以及东海、黄海、后海诸峰，风光奇美。《徐霞客游记》称此是"黄山绝胜处"！民谣曰："不到文殊院，不见黄山面。"1952 年，院毁于火，1955 年在旧址上建成一座 500 平方米的宾馆，名玉屏楼。楼东石壁有朱德题"风景如画"四字刻石和刘伯承诗《与皖南抗日诸老同志游黄山》石刻。

## （十一） 歙县许村大观亭

大观亭，位于许村两座明代牌坊"双寿承恩""五马坊"之间。亭分3层，一二层各有8个飞翘的檐角，故而当地人又称其为"八角亭"，八面墙外各墨绘八卦卦象。明朝以降，许村因有士大夫文化的底蕴，又拥有外出经商得来的财富，故日渐富庶。富庶之余，琴棋书画当然是最时尚的消遣活动了，大观亭的第二层便是当年村中文人展示古玩，品评豪户巨室中收藏的宋元书籍、法帖奇绘、名墨佳砚之所。试想，若干年前的丽日佳辰，村中休假的官宦、省亲的商贾、待仕的举人们济济于此，"设寒具，列长案，命童子取卷册进。……相与展玩叹贺，或更相辩论，喋喋不休"。推窗远眺，天都、莲花诸峰在洁白云絮之上，如海市蜃楼；近俯贩夫走卒穿亭而过，往来熙攘。待从微微酒意中醒来时，一轮圆月高悬于纤尘不染的天幕，高低错落的马头墙静沐在银白色的光芒之中……

## （十二） 绩溪县石家村魁星阁

魁星阁，位于绩溪县旺川乡石家村村西水口，建于清代乾隆年间，飞檐翘角，古雅秀致，当地人又称"水口亭"。

史载，顺治二年（1645），村人石坚随明御史金声在当地丛山关险隘处抵抗清兵，事败被杀。从此，朝廷把石姓定为"小姓"，世代作为"大姓"的佃仆，其子弟不准赴试、做官。直到乾隆十六年（1751）大赦，石姓村人便于这一年集资建阁，以振文风，光宗耀祖。

此阁石柱雕梁，青砖为脊，凤瓦为角，四沿悬铃，风动叮当作响，蔚为壮观。该阁设计独具匠心，有多重象征寓意。据传，此阁用一系列数字暗寓"反清复明"的深意。阁楼基高0.7米，阁高2.5米，寓明在上、清在下，明强清弱之意。楼顶采用七分水法，四面落檐，显示明朝最盛时期。落地檐水

17 尺，象征明代 17 朝皇权。楼台四角离地 19 尺，每方用椽 50 根，加起来正合明朝 270 年之气数。阁正面上方，原有一块横匾，上题"魁星阁"三字。匾的上方还有一尊魁星像。阁左侧有一长 6.6 米，宽、高各 3.3 米的土石平台，传说象征着石家村始祖——北宋开国元勋石守信帅印。平台中间栽有一株枫树，犹如"印柄"。

1983 年，村人集资修茸魁星阁。新阁落成，又添安徽省政协主席张恺帆所书"胜揽溪山"四字横匾和"十里西流，溪水绕清襟翠带；一村北向，山峰环凤阁龙楼"的槛联，生动形象地描绘了石家村形胜风姿。魁星阁与石家村均为安徽省重点文物保护单位。

# 九、寺观庙堂

## （一）潜山县山谷寺

山谷寺，又名"三祖寺""乾元禅寺"，坐落于潜山县野人寨凤凰山。寺始建于南朝梁初年，由梁高僧宝志所创。北周武帝禁毁佛教，禅宗三祖僧璨居此，并在此著《信心铭》，为佛教禅宗奠定理论基础，遂被后世尊为三祖。隋大业三年（607），僧璨立化于寺前大树下，后人建"立化亭"。唐时，山谷寺亦名"乾元寺"。

此寺名扬大江南北，朝香晋谒者不绝。唐、宋时，寺具相当规模，冠绝江南禅林，后屡经兴废，今存立化塔、山门、天王殿、大雄宝殿、觉寂塔等。大雄宝殿为1986年于唐代遗址上重建。觉寂塔，始建于梁武帝初，明嘉靖年间重建。现塔为八边形，7层，高30米，楼阁式，斗栱整齐；中心塔柱式，塔体外旋中空，四周刻有佛像，外有砖栏环围。塔顶八角系铃，风吹悦耳。1983年，国务院批准该寺为"汉族地区佛教全国重点寺院"。

## （二） 九华山化城寺

化城寺，坐落于九华山中心区九华街芙蓉山下，南对芙蓉峰，东有东崖，西为神光岭，北倚白云山，四山环绕如城。古人有"内外峰围涌玉莲，过桥崖塔迥诸天"之诗句述其境。寺依山而建，前后四进，随地势逐级升高，气宇轩昂，庄严古朴，为九华山开山之寺。化城寺始建于晋隆安五年（401），天竺僧怀度于此筑室为庵。《九华山志》载，唐至德二年（757），青阳人诸葛节等建寺，请金地藏居之，金乔觉居此苦修。唐建中二年（781），寺辟为地藏道场，皇帝赐额"化城寺"。明宣宗、神宗，清康熙、乾隆帝，均迭书匾额并赐金修葺。今寺仍藏有明代谕旨、藏经等珍贵文物。

化城寺多次毁于兵火，现除藏经楼为明宣德建筑外，余均为清代重建。现存建筑除后进藏经楼为明万历年间遗构，山门、大雄宝殿皆为清末依原样重建，基本保留了明代建筑风貌。寺前有一座约 6000 平方米的广场，环以石栏的半圆形放生池居中，名"偃月池"，宋代即有记载。山门面阔 5 间，阶前并峙石狮。寺为硬山屋顶，前三进单檐，后进重檐。小青瓦屋面、皖南民居式粉墙，映着一片郁郁葱葱的古木高林，有浓郁的江南韵味。此处即为"九华十景"之"化城晚钟"，古刹晚钟与苍山幽谷、清溪松涛交融着千年的情感共鸣。

## （三） 九华山地藏禅林与寺庙群

地藏禅林，亦称天台寺、地藏寺、万佛寺，是汉族地区佛教全国重点寺院，位于天台与玉屏峰之间、天台之巅。寺始建于宋，后屡有兴废。至明代，古寺仍是"茅屋九间草色青"，十分简陋。清康熙年间，僧尘子重建，现存建筑为清光绪年间重修。内部结构仍保持大殿原貌，上层为万佛殿，中层为地藏殿，下层为地下室。券拱石洞山门依旧。大殿后，东西两边建有厢房，中有小院，北面建有观音殿。天台寺周围景点众多。寺南青龙头建有六角形石亭，高3米，名"捧日亭"，亭内供石雕佛像。亭旁有天台，四周悬崖峭壁，有铁栏杆环护。天台峰海拔1320米，地藏禅林位于峰顶，为九华山海拔最高的寺院，素有"到九华山不上天台，等于没来"之说。相传，唐时新罗僧金乔觉等在此禅修，留有"金仙洞"遗迹。寺院周边石壁上留有历代名人的摩崖石刻。

百岁宫，坐落于九华山东峰摩空岭之巅，明代原名"摘星亭"。万历年间，河北宛平僧海玉（号"无瑕禅师"）自五台山来此布道。无瑕寿110岁，时人慕称"百岁公"，庵名改称"百岁庵"。明崇祯三年（1630），无瑕被敕封为"应身菩萨"，百岁宫于肉身装金，受赐"百岁宫"。同时，寺院扩建，成为九华山四大丛林之一。百岁宫于康熙六十年（1721）重建，道光十九年（1839）扩建，清末民初多次修葺。寺院依山就势，错落有致。它由大雄宝殿和楼殿组成，上下关联、左右贯通为一整体。大雄宝殿为3开间，宽17.4米，进深16.7米，高16.7米。殿内设大佛龛，供奉装金的无瑕和尚身。梁栋雕饰精美。正顶为方形藻井，古色古香。楼殿就地形而建，上下3～5层，设三进天井。九华山佛寺，外观大都取民居形式，百岁宫可算此类佛寺的代表。除了外观可使人感受到朴素美之外，民居的特点是不拘一格，因地制宜，植根于地域文化，和当地风土人情水乳交融。百岁宫高踞危岩绝壁之上，在云雾缥缈中若隐若现。它横看成岭侧成峰，仿佛从山上长出，浑然天成。这是因为前殿南墙地基和地面均采用峰顶岩石削凿而成，殿后墙半壁干脆取整块岩石垒筑。整个寺院就山势一气呵成。寺内藏有传说为无瑕禅师手抄的《血经》，为罕见珍品。

月身殿，坐落于九华山神光岭。新罗僧金乔觉晚年曾在此诵经晏坐。唐贞元十年（794），金乔觉99岁时圆寂。贞元十三年（797）安葬时，佛徒信其为地藏菩萨化身，建三级墓塔供奉。月身殿屡经兴废，于明万历年间重建，御赐名"护国肉身宝殿"。清同治年间，山洪毁坏后，殿重修。宝殿由81级石阶直通，方形平面，边长约17米。建筑格局为轴对称，四周环以回廊石柱，高约20米，重檐歇山顶，覆盖铁瓦。殿内，正八边形平面的七级木质浮屠居中，两侧有十王塑像侍立。塔基须弥座为汉白玉质，底层供奉地藏王佛

像。塔身每层设 8 个神龛，塔顶饰华盖。殿后有半月形瑶台，立铁鼎，香烟
缭绕。台侧有古花园。

月身殿因金地藏在此圆寂，成为佛教徒朝谒的圣地。于是，宝殿的建筑
语言兼作阐释佛家意义的符号，建筑性格与地藏菩萨气度相应。《地藏十轮
经》对地藏的描述是："安忍不动犹如大地，静虑深密犹如秘藏。"以此概括
月身殿气质，很贴切。当雄踞山峦的大殿突然"开门见山"般展现于眼前时，
人们的第一印象是古朴苍劲、雍容不迫。通向大殿的石阶有气势，也颇具匠
心。石阶 81 级，取自"九九八十一"之意，"九九"既为阳数之极，也寓意
金地藏圆寂时之岁数。建筑的主体是殿中宝塔，它是地藏的象征。塔居中而
立，直插殿顶，殿内其他设施绕塔陈设，大殿也是塔的围护。

祇园寺，坐落于九华山九华街东侧，始建于明嘉靖年间，清咸丰时毁于
兵火，同治时重建，光绪三十年（1904）扩建大雄宝殿，位列九华山四大丛
林之首。祇园寺由山门、天王殿、大雄宝殿组成，配以法堂、斋堂、方丈寮、
回廊等。建筑占地总面积 5157 平方米。寺前有浮雕莲花甬道引导。山门门楼
宽 5 间，高 3 层，硬山顶，风火山墙，门头为 3 层重檐，翼角起翘，琉璃瓦
顶，门内有"灵官"立像。天王殿为方形亭阁式殿堂，重檐，内供四大天王，
故名。天王殿后为大雄宝殿，台高 2 米，殿高 20 多米，重檐歇山顶，金黄色
琉璃瓦。殿内供 3 尊 10 米高佛像，西侧为文殊、普贤和十八罗汉像。祇园寺
主体建筑大雄宝殿体量巨大，加之依山而筑，使寺院整体形象宏伟凝重、气
势非凡。布局上，祇园寺一改一般佛寺轴对称的建法，使山门与大雄宝殿等
交角 45°，流线回旋曲折，空间层次更为丰富。

# （四） 安庆迎江寺

迎江寺，坐落于安庆市东，濒临长江，始建于北宋开宝年间，原名万佛
寺；明万历四十七年（1619）重建，明光宗御题"护国永昌禅寺"；清顺治
七年（1650），易今名。明清两代均有扩建和整修。现存主要建筑有天王殿、
大雄宝殿、大士阁、藏经阁、毗卢殿和振风塔。

# （五）芜湖广济寺

广济寺，位于芜湖市赭山南麓，始建于唐乾宁、光化年间，初名永清寺。北宋大中祥符年间，寺名改为广济寺，沿用至今。明永乐年间，寺庙荒废，殿堂失修；景泰年间，僧人宏德重修广济寺。清乾隆二十一年（1756），戴溥、汪昭和等募修；嘉庆三年（1798），僧人越江再次重修；咸丰年间，寺庙毁于兵火；光绪年间，又重新修建。

据载，唐永徽四年（653），金乔觉出家，渡海来我国弘扬佛法。他遍游名山大川，同年抵达芜湖赭山结茅修行，开坛讲经说法，后去九华山开辟丛林道场，传为金地藏菩萨行世。后人为纪念其圣迹，在赭山建广济寺，故该寺又有"小九华"之称。广济寺依山构筑，背山面市，由两条纵轴线构成。主轴线南依市内镜湖，北对赭塔，由南至北逐步登高，序列为山门殿、药师殿、大雄宝殿、地藏殿、赭塔。殿随山势，层层高叠，殿宇相接，分为四重，地藏殿殿基比大雄宝殿殿基高出 10 余米。88 级石蹬，陡峭高耸，蹬道两旁护以铁索。最为奇妙的是赭塔，依地藏大殿破顶拔起，而塔底圆券门洞作为佛龛，使塔殿相依融为一体。赭塔建于宋治平二年（1065），砖砌楼阁式塔道，高 5 层，与赭山相较尺度适宜，是为全寺构图中心。

广济寺内藏有传世金印，系唐至德二年（757）御赐，砂金铸成，重达4.4 公斤。印纽为九龙戏珠，盘旋飞舞；印文为阳刻篆文"地藏利成金印"，边款刻"唐至德二年"字样，是为历代镇山之宝。广济寺能够屡毁屡兴的原因是，凡进香朝九华山的信徒，必先到此"小九华"来进香，所以香火不断。同时，赭山海拔 86 米，兀立江边，山上翠柏修篁，葱郁成林，花木吐芬，"右控长江，舳舻连云，俯瞰城郭，历历如绘"，是登高览胜（山顶有一览亭）的最佳处，而广济寺建于赭山西南半山腰，更别具景致。1983 年，国务院确定广济寺为汉族地区佛教全国重点寺院。近年来，殿堂重修，佛像再塑，使这座千年古刹重展雄姿，成为芜湖著名的风景名胜。

## （六） 滁州琅琊寺

琅琊寺，位于滁州市西南的琅琊山中。唐大历六年（771），刺史李幼卿与僧法琛建寺，御赐寺名"宝应寺"。宋太平兴国时，宝应寺易名"开化寺""开化律寺"，又因其坐落于琅琊山中，治平元年（1064）改称"琅琊寺"。该寺历1200余年，中经唐末、宋初两次重修；元末兵燹毁坏严重；明洪武年间，清嘉庆、道光年间数次毁而修复。寺内有大雄宝殿、藏经楼、悟经堂、明月观、三友亭、翠微亭、无梁殿、拜经台等建筑。寺外有濯缨泉、归云洞、雪鸿洞等胜迹，唐、宋、明、清各代摩崖、碑刻遍布其间。新近发现的唐李幼卿、柳遂、皇甫曾等摩崖题诗，尤为珍贵。

该寺山门设在寺侧，建筑依山布局，前低后高。大雄宝殿为全寺主体建筑，面阔5间，进深12.3米，举高12米，重建于1916年，宏伟壮观。殿前有"明月池"，系放生池，又名"华严池"。池上有桥一座，称"明月桥"。桥北有"明月观"。观北有一小院，院内有一泉一亭，亭名"三友亭"。亭侧遍植松、竹、梅。院内峭壁之下有一泉，曰"濯缨泉"，泉名源于古诗"沧浪之水清兮，可以濯我缨"句。大雄宝殿后建有"藏经楼"一座，自成一天井。殿南有一园林，名"祇园"。园内苍松翠柏、峭壁石刻高耸入云。寺内还有"翠微亭""悟经堂"。寺东北有"无梁殿"，又名"玉皇阁"，为明代遗构，砖石构筑。殿北有"雪鸿洞""归云洞"。洞门有摩崖石刻，距今900余年仍如新镌，为琅琊之宝。

## （七） 凤阳县龙兴寺

龙兴寺，坐落于凤阳县城北，始建于明洪武十六年（1383）。明清两代，龙兴寺曾四度焚毁、重建。现存建筑建于清同治八年（1869）至1942年，但规模已今非昔比。据传，明太祖朱元璋曾在皇觉寺为僧，寺址在凤阳城南。

元至正十二年（1352），皇觉寺毁于兵火。朱元璋称帝后即想复建，但"恐伤民资"，未果。直到罢建中都后，朱元璋才命拆迁中都宫室的建筑材料建寺。因皇觉寺旧址附近已建皇陵，不宜扩展，遂易新址于城北，即今龙兴寺址。寺成，大臣入奏，更名"龙兴寺"。

寺为南北向，有中轴线。自南应街神道引入，依次是门坊、山门、六角亭、大雄宝殿。门坊为拱门，红墙，上书"龙兴古刹"；山门天王殿，内有四大金刚立像；殿后原有朱元璋亲撰的《龙兴寺碑文》石碑，碑后有六角亭，单檐六角攒尖顶，翼角起翘；亭北有大雄宝殿，面阔 5 间，进深 3 间。龙兴寺内现陈列有明代铜镬、铜钟、铜鼓以及明清碑刻，均为重要文物。

## （八）阜阳资福寺

资福寺，位于阜阳市区西南隅，始建于宋嘉祐年间，熙宁年间扩建，明万历年间重建，清代多次整修。

寺院坐南面北，东西对称布局，有前、中、后三进院落。前为山门、天王殿，两侧钟鼓楼、伽蓝殿、祖师殿相依；中为大殿；后殿、藏经楼位于殿后。主体建筑大殿踞台基之上，宏阔庄严，周围有石栏杆，面阔 5 间，进深 3 间，歇山顶，灰筒瓦，具有明代建筑风格。资福寺布局严谨，有一定的建筑史学价值。

## （九）巢湖市中庙

中庙又名"忠庙"，位于巢湖市居巢区中庙镇，古因居巢州、庐州中间，故曰"中庙"；清末，李鸿章奏请朝廷在中庙旁建昭忠祠，祭祀众多在征战中捐躯沙场的淮军将士，故渐被人们称为"忠庙"。中庙也渐渐成为一座融宗教与祭祀先人于一体的多功能寺庙。

中庙始建于汉代，历代屡废屡修。唐龙纪元年（889），重修庙宇，"鸳瓦揿空，虹梁用状，妙臻土木，美极丹青"。南唐保大二年（944）再修，共 6排 24 间，"丹脸桃红，双眉柳绿"的太姥神像"立于宝室，列位于香坛"。元朝将庙基圈拱成桥，称"鳌背洞"，在洞上建殿。清时，庙有"杰阁，有拜殿，有亭，有栏榭"。光绪十五年（1889），李鸿章倡募重修，分前、中、后 3 殿，70 余间，后殿藏经阁 3 层，窗开八面，四角飞檐，角角系铃。1921 年，庙宇再度装修；1938 年年底，后殿因火灾被毁，仅存前、中两殿及厢房。1986 年以来，中庙又经多次整修，再具规模，殿内壁梁壁画也焕然一新。

中庙风光独特，号称"湖天第一胜境"，坐落在巢湖北岸延伸湖面百米的巨石矶上。石矶呈朱砂色，突入湖中，形似飞凤，通称凤凰台。古庙坐北朝南，横峙湖岸，凌空映波，殿高压云。庙门上有"巢湖中庙"书刻。整个庙宇楼阁重檐飞出，似丹凤之冠，在晚霞的照射下，熠熠生辉。中庙现供奉关羽、观音和诸神。据传，原奉还有泰山玉女、巢湖焦姥。位于巢湖水面中心，距中庙镇 4 千米的姥山，传说是陷巢州时，焦姥舍身济世，化身而成，故名。姥山实为 1 亿多年前火山爆发形成的湖心岛，海拔 105 米，面积 0.86 平方千米。山呈椭圆形，远看是三山，近瞧有九峰。据《南塘通志》记载："姥山，又名南塘。"在姥山上有一座文峰塔，伫立在姥山之巅的笔架山上，雄伟壮观，是观赏巢湖风光的最佳处。传说，焦姥登塔可以更好地眺望姑山，故又名"望儿塔"。此塔始建于明崇祯四年（1631），庐州知府严尔圭倡建，建成 4 层，后因农民起义而辍工。清光绪四年（1878），李鸿章倡捐，委江苏候补道吴芬续建 3 层完工。塔 7 层，133 级台阶，高 51 米，系条石青砖结构，八角形，层出飞檐，每檐悬铁铃，内有砖雕佛像 802 尊，匾额题词 25 件。因建塔是为了显示地方人文之胜，故名文峰塔。有民谣云："姥山宝塔尖一尖，庐州府里出状元。"由于历代香火旺盛，于是当地便有了"南九华，北中庙"之说。

# （十）徽州汪公庙

汪公庙，又称"汪王庙""汪王祠庙"，是祭祀徽州隋代"护国公"汪华的地方神庙。汪华（587—649），原名汪世华，字国辅，一字英发，幼年时父母双亡，14 岁拜南山和尚为师。隋末天下大乱，汪华为保境安民，起兵统领了歙州、宣州、杭州、饶州、睦州、婺州等六州，建立吴国，自称吴王，促进了当地各民族之间的融合。他实施仁政，使吴国境内百姓安居乐业，在群雄争霸、战火纷飞的年代，唯独吴国安宁祥和。唐武德四年（621），为了促进华夏一统，汪华审时度势，不计个人得失，说服文臣武将，主动放弃王位，率土归唐。唐高祖授其上柱国、越国公、歙州刺史、总管六州军政。贞观二年（628），因汪华忠君爱国，唐太宗李世民授予其忠武大将军之职，参掌禁军大权，委以"九宫留守"大任，辅佐朝政，位极人臣。逝后，唐太宗赐谥"忠烈"。

汪华集儒释道于一身，文韬武略，拥有非凡卓越的军事才能，和盖世超群的政治谋略。自唐代至清朝，唐玄宗、宋徽宗、元世祖、明太祖、乾隆帝等历代帝王多次下诏，视其为忠君爱国、勤政安民、始终维护华夏统一的典范。赵普、李纲、苏辙、岳飞、朱熹、文天祥等历朝文臣武将赋诗题词，把他作为千秋楷模来赞颂。江南六州百姓奉其为神，拜为"汪公大帝""太阳菩萨""太平之主"，建祠立庙 70 余座，四时祭祀，千年不辍。

在徽州，汪华以一种传说和偶像的形式影响着徽州文化，"故尊奉汪华的庙宇，在一州六县无处不见，尤其是六县乡村中的众多社屋以及堪称庆典的春秋祷赛活动，也几乎都必见汪公父子"。比如，在休宁的万安镇古宁城岩上就有汪华的驻兵处，后来建有吴王宫。在绩溪县登源河畔，则有建于北宋太平兴国五年（980）的汪公庙。旧时每年正月十五到正月十八，庙前都要举行花朝会，舞龙舞狮、玩花灯、唱大戏、放花炮以示纪念。歙县郑村现存一座忠烈祠坊，该坊及坊后的忠烈祠，就是用来崇祀汪华的。甚至在徽人迁居地，如贵州安顺，也仿徽州旧例，建有汪公庙多座。

# （十一）齐云山道观

齐云山，古称白岳，是中国四大道教圣地之一。它位于休宁县境内，横江之畔，与黄山南北对峙，丹霞地貌，"千岩竞秀，万壑争奇"，祥云绕峰，紫气冉升。《齐云山志》记载，乾隆巡游江南时赞曰："天下无双胜境，江南第一名山。"明代著名旅行家、探险家、地理学家、散文家徐霞客曾两度登齐云山，著有《游白岳日记》。

齐云山建筑的历史大抵从唐元和四年（809），歙州刺史韦绶在白岳岐山石桥岩建石门寺始，距今已有1200余年。南宋方士余道元创建佑圣真武祠于齐云岩，相传祠内玄帝神像乃百鸟衔泥塑成，卓著灵异，香火日盛。明嘉靖帝三十无子息，派钦差大臣汪天蛟率大队人马，携金银财帛赴齐云山建醮祈嗣，果获灵应，随后嘉靖帝下旨敕建玄天太素宫。齐云山因此名声大震，香客云集，明朝中期达到鼎盛期，建宫殿33处，道房36房，亭台楼阁、庵堂祠宇遍布全山。清朝后期，兵火连绵，间接地影响到道教活动，香火逐渐凋零，一些宫殿亭阁常年失修，相继倒塌、湮没。1981年，齐云山成立管理处。1984年，齐云山道教协会成立后，才逐步恢复了真武殿、太素宫、玉虚宫等宫殿。

山上还有望仙亭、象鼻岩、玉屏峰、香炉峰、各式天池水井及摩崖石刻等景观。过象鼻岩，至真仙洞府景区，现壶天境界，是齐云山的精华所在。崖壁之下，八仙洞、罗汉洞、雨君洞、文昌洞等依序排列，这些洞府中供奉着各路神仙，香火兴旺。高大的岩壁上有"天开神秀"等历代名人摩崖石刻。

# （十二）芜湖天主教堂

芜湖天主教堂，又名"圣若瑟主教座堂"，位于芜湖市吉和街28号，为全国重点文物保护单位。

这座罗马风格大型天主教堂，是1887年由法国人设计监造的，为砖木石混合结构。教堂建筑面积1300平方米，坐东朝西，背山面江。教堂长39米，一对钟楼高29米，中间是5米高的汉白玉耶稣像。教堂建成以后成为江南教区继上海以后的第二大传教中心，号称华东第二天主堂（第一为上海徐家汇圣伊纳爵主教座堂）。1921年，芜湖天主教堂成为天主教安徽教区的主教座堂。1930年安庆教区、蚌埠教区分出去后，这里继续作为芜湖教区的主教座堂，由西班牙耶稣会接管。1983 年，教堂修复开放，但已不再有主教驻扎。2000 年，芜湖市政府在教堂前建成吉和广场。2003 年，教堂进行大修。2004 年，市政府又对教堂进行亮化，如今它已成为芜湖市精品观光景点。

# （十三） 合肥基督教堂

合肥基督教堂，位于四牌楼十字街南端，始建于 1896 年，距今已有百余年历史，是合肥市区唯一的一座基督教堂。1997 年，经有关部门和专家多次勘探，教堂原址建筑被鉴定为危房，须拆除复建。2009 年，复建工程完工。教堂占地 500 平方米，采用钢筋混凝土框架结构，共建 5 层，其中地下 1 层，地上 4 层，建成后的新教堂建筑面积 7488 平方米，设计采用古典特色与现代建筑手法相结合的哥特式风格，既典雅古朴，又有较强的时代感。

教堂正立面底部，镶嵌着具有 19 世纪基督文化风采的旧教堂灰砖，在其上方设置靓丽的玫瑰窗和现代化钟塔，在尖塔顶部 63 米处镶有古铜色十字架。

# （十四） 寿县清真寺

寿县清真寺，位于寿春镇清真寺巷内，占地 5400 平方米。2013 年 3 月，寿县清真寺被列为第七批全国重点文物保护单位。1981 年寺内维修时，维修人员于殿顶发现纪年砖两块，铭文分别为"明天启年建，道光年重修"。1986 年，大殿落架大修，在瓦椽上发现"民国二十九年重修"墨迹字样。由此可推知，该寺始建于明天启年间，清道光、光绪及民国年间多次整修。

因地处淮河平原，寿县清真寺寺基方整，布局采用严格的中轴对称形制。大门为三门并立，两侧有垂花门式旁门，其砖雕及小木作都很精丽新颖，整体效果异常雄伟，这也是中国内地许多著名清真大寺常用的门制。进门为横长形小院，为寺院前庭，起到了划分空间层次、映衬主体庭院宏阔的对比效果和导引作用，在空间序列的布置上有其独到之处。二门亦如大门，采用三门并立形制，但造型体量与大门有所区别，配置合宜。二门内是寺的主导庭院，宏阔开敞，中间有宽敞的砖石甬道，两侧种植参天古树，浓荫蔽日，清静幽深。平时这里可作为穆斯林礼拜前后的休息处，在重大节日朝拜人数较多时，也可以作为大殿功能的延伸，成为礼拜的补充处所。院内正中原来可能留有邦克楼位置，但此建筑现已不存，致使庭院显得过于空旷。

礼拜大殿由两个面阔 5 间的殿堂组成，重檐歇山勾连搭屋顶，四周绕以回廊，廊柱皆为方形石制。前后虽形制相类，但因建造年代不同，细部作法稍有差异，如前殿为后世扩建，内柱为八角形，而后殿建造较早，采用圆柱，这种统一中有细小变化的作法，给人以新鲜感。后窑殿正中置圣龛，龛壁两侧设门置槅扇，使得圣龛周围壁面比大殿内部明亮许多。进入大殿，人们的视线自然集中于圣龛方向，不仅在位置上突出了圣龛的重要宗教功能，而且运用明暗光影效果来显现向往光明的宗教教义。壁面除内凹的拱券龛壁及勒脚以下粉刷洁白外，其余部分全部用金色的阿拉伯文字构成各种图案，并有机地组成一体，闪烁生辉，整体效果非常突出。龛左侧的木制宣谕台，前面做成牌楼门，台上采用三重檐楼阁形式，做工精致。大殿除正面为整片槅扇门外，南北两侧各开四门，不仅有利于人流疏散，而且在炎炎夏日能获得穿堂风，使得殿内凉爽清新。

# 十、文庙建筑

文庙，又称圣庙、孔庙、夫子庙，汉代始有兴建，为历代尊孔祭孔的场所，亦是当时法先圣先师、重道崇儒、兴化起教供生员习业的场所，因庙学一体，故又名"学宫"。安徽各市县大多建有文庙，但清末以来毁损殆尽，现存文庙以桐城文庙和旌德文庙为代表，素有"北桐城、南旌德"之说。

## （一）桐城文庙

桐城文庙，坐落于桐城市中心。据《安庆府志》《桐城县志》载，文庙原在县城东郊外，始建于元延祐初年（1314），元末毁于兵火，明初洪武年间移建于今址。后因屡遭兵火与风雨侵蚀，明清两代修葺 19 次。现存建筑为清同治三年至五年（1864—1866）修建。虽然迭经废兴，但如今已还其原貌，整修一新的文庙，仍然格局堂皇、古朴典雅。桐城文庙为明清以来当地祭孔的礼制性建筑群，雄踞县城中心，面临广场，处于丁字街口，正对繁华街区和平路，构成了大街的端景，是古代城市规划设计的优秀案例。同时，文庙四周人文荟萃，名人故居集中的老街三面环拥，如众星拱月。文庙建筑群已成为桐城的文化地标和靓丽名片。

文庙建筑群坐北朝南，占地面积 4150 平方米，建筑面积 1803 平方米，以大成殿为中心，沿南北中轴线甬道对称布局，依次为照壁、门楼、泮池、大成门、文昌祠、崇圣祠、东西两庑、大成殿、明伦堂等。前为文庙门楼，中为大成门，后为大成殿。以大成门为界，分前后两院落。前院依次建有棂星门、泮池、泮桥，后院设置"陛下"、月台、祭坛等附属建筑。连接前后主体建筑的是分建于东西两侧的崇圣祠、土神祠和檐廊围绕的长庑，四周筑有"宫墙万仞"，使整个文庙浑然一体，构成堂皇宏伟、布局工整的古建筑群。

文庙门楼，是三开间亭阁式建筑，砖木构架。其墀头、斜撑、额枋、象眼均饰以砖雕、木刻，梁枋撑栱雕刻或墨绘"人平仲学""侍席鲁君""可坛礼乐""李太白醉酒""陶渊明赏菊""林和靖观梅""周敦颐爱莲""渔樵耕读""太公垂钓""文王访贤""孟母断杼""独占鳌头""威震寰宇""天宫赐福""魁星点斗"等60余幅花卉人物图案，逼真传神，生动有趣。门楼正面镂花平枋悬有一长方形"文庙"金字额匾，为全国政协原副主席赵朴初先生所书。远眺文庙门楼，正楼侧阁，飞檐层叠，蔚为壮观。

过门楼即见棂星门，这是一座汉白玉四柱三间石坊。柱头圆形，纹饰"腾云"，柱身方形，下有扇形"云头"撑石，构架简朴典雅。棂星系传说中的谷神，立此门寓意"风调雨顺，五谷丰登"。

再前行约10步，临半月形泮池，池上立拱形泮桥，池桥皆置汉白玉石雕栏杆。池中碧水漾漾，金鲤嬉戏，甚是赏心悦目。传闻，明清季的桐城名臣硕儒，如"天启六君子"之一的左光斗、"百科全书式"大哲学家方以智、"父子双宰相"张英和张廷玉，以及"桐城派"鼻祖戴名世、方苞、刘大魁、姚鼐等，于金榜题名前均从桥上步入大成殿祭孔。因此，人们誉"泮桥"为"状元桥"，至今仍视登斯桥为吉祥如意之乐事。

过泮桥便至大成门，大成门为抬梁式构架，三开间，硬山式顶，筒瓦顶盖，正脊两面三刀端装饰鳌鱼，四角凌空飞翘。门厅前后之间设墙壁分出内外厅，并列辟门三道，中门屹立一对石狮，两边侧门各置两只石鼓。大成门两侧建崇圣祠、土神祠，各3间，有坎墙漏窗相通。门厅、祠宇并列相依，删繁脱俗，独具匠心。

过大成门则进入宽阔的庭园，当中一条神道，直抵石陛石阶，石陛上精雕龙凤戏珠图案，云蒸霞蔚，栩栩如生。

主体建筑大成殿是文庙建筑群的中心。大殿立于后院北端台阶上，可前瞰大成门，左右接廊庑。院落深阔，中进甬道铺以石径。大殿面阔 5 间，进深 3 间，重檐歇山顶。建筑具明清风格，兼存辽金遗风，尤其是梁架斗栱构造富有特色。其采用了拼柱、拼梁营造工艺，七架四柱，柱梁简洁，步架匀称。上檐简洁朴素，设枇杷形撑栱承托梁枋，明间、次间均安置落地格栅门窗。山墙正面砌造象鼻形墀头和砖雕耕读图墀头。殿内方砖墁地，罩以三层方形藻井。殿顶铺青灰小瓦和筒瓦，正脊两端置鳌鱼吻，戗脊饰套兽，檐口用圆形兽面瓦当。飞檐翘角，悬挂风铎，风动铎鸣。整个大成殿高大、宏伟、壮观，堪称古建筑之精品，为国内罕见，是研究古建筑的珍贵实物。

文庙内还设有桐城博物馆，将新石器时代以来的诸多珍贵藏品均纳入庋藏。这些文物珍品包括李公麟的画、方以智的书、雍正御赐保和殿大学士张廷玉的虎铜印、乾隆御题碧玉铭文扳指等。

# （二）旌德文庙

旌德文庙，位于旌德县城老城区中心的营坎路，东对文昌阁，从所处位置可知其当年的显要和威严。清嘉庆《旌德县志》："考唐贞观四年（630）诏州县皆立孔庙，时尚未有旌邑也。宝应建邑以后，谈学之制无闻，邑之学宫自宋崇宁元年（1102）始。"旌德文庙建筑群历经南宋、元、明至清顺治十四年（1657），屡受兵火之灾，大修 24 次，重建 5 次，现存建筑为顺治二年（1645）所建。1989 年 6 月，旌德文庙被评为安徽省文物保护单位；2013 年 3 月被评为全国重点文物保护单位；2016 年，再次全面修葺，再现雄姿。

文庙坐北朝南，平面呈二进四合院形式，建筑沿南北中轴线对称布局。南北长 79.24 米，东西宽 31.57 米，总面积 2500 多平方米。前进石砌泮池、泮桥，过戟门进入后进，深 62.24 米。戟门宽 2.91 米，其东为名宦祠，西为乡贤祠，两祠各宽 14.3 米，深 9.25 米。院内石板铺地，两厢为东西九庑五斋，各 14 间，深 6 米，庑 4.6 米，斋宽 3.25 米。庑斋台基高出地面 1.25 米，每边三组台阶供上下。斋后中央为坐北朝南的大成殿。文庙宫墙外涂红色，石作部分均用花岗石砌成。

　　文庙主体建筑大成殿，初名文宣王庙，宋崇宁四年（1105）始改称大成殿。长宽均为17米，占地289平方米。大成殿台基石砌，高1米，宽17.8米，深18.4米。殿前为石砌月台，高1.68米，宽15.25米，深8.72米，正面中部设台阶、石陛。大殿基高3.33米，殿高18.66米，二层木石结构，三间三进，重檐歇山顶，平面呈正方形，边长15.25米，高18米。柱网布局为"双槽"，外槽为12根正方形石檐柱，内槽为4根圆形木金柱。抬梁式梁架，进深七檩。底层正面开3门，明间宽6.13米，次间宽3.83米，其他三面砌砖墙封护。楼层四周装置长条格窗，顶盖青瓦。上下两层，各四条垂脊，正脊中嵌火焰宝珠，正脊两端及垂脊角均嵌有鱼尾行龙。殿周用石柱，上覆瓷瓦，窗牖雕刻精致，檐牙高啄，气势宏伟。殿内四根木柱通顶，寓意此殿"通天"。檐柱撑栱硕大，雕成狮头鳌尾样式，活泼可爱。

旌德文庙大成殿

　　殿内塑孔子、四配及十二哲像。藻井两层彩绘，内容为凤、鸡、鹤、龙、象、鹿、麒麟及牡丹花卉等，并有八仙容颜，最醒目的则是文曲星。纵观大小百幅彩图，画面栩栩如生，寓意明显，无非是寄望于旌德子弟文星高照、大显神通。

　　近年来，安徽省文物局及县政府多次拨款，对文庙进行修复。不仅如此，旌德县还把文庙辟为县级文物的展览地、县文化艺术的集萃地。这里设有"周而复作品陈列馆"，陈列了旌德籍著名作家、书法家周而复先生捐献的4000多件文献资料。

# （三）　绩溪文庙

　　绩溪文庙，坐落于绩溪县城内北大街西侧，与胡雪岩纪念馆相毗邻，距绩溪县三雕博物馆（周氏宗祠）仅百余米，与绩溪博物馆只有一街之隔，参观旅游甚为方便。

　　绩溪文庙，始建于北宋庆历四年（1044），其规制成形于明正德年间，此后历代均有不同规模的重修。文庙以南北为中轴线，呈东西对称布局，由南至北，依次是庙门、棂星门、泮宫坊、泮池浮桥、戟门、露台、东西两庑、大成殿。文庙面阔 38.55 米，进深 172.45 米，占地面积 6647.95 平方米。其

绩溪文庙

规模宏大，是一组具有较高历史、艺术、科学价值的古建筑群，号称"江南第一学宫"，现为安徽省重点文物保护单位。

据清嘉庆《绩溪县志》载："乾隆四十二年（1777），知县孙银槎倡议重建文庙，至四十八年（1783），知县张邦桓率绅士晨夕董功乃成。殿五间；前筑露台，砌石栏；东西两庑各七间，庑旁各两间；戟门五间，门东两间为斋明所，西两间为宰牲所；重浚泮池；修泮宫坊及石桥、围墙、棂星门。"绩溪文庙大成殿、东西两庑的梁架结构、天花藻井遍饰彩绘，至今保存完好。这些彩绘具有浓郁的民间艺术风格，更是皖南乃至安徽文庙建筑中罕见的民间艺术珍品，充分体现了绩溪文庙的文物价值。此外，殿前露台两侧植金桂、银桂各一株，长势旺盛，金秋时节，满院飘香，沁人心脾。

## （四） 太和文庙

太和文庙，位于太和县城红学路北，始建于元大德年间，明洪武五年（1372）重建，后多次整修，最近一次较大规模整修于清宣统三年（1911）完成。太和文庙循孔庙的形制，由万仞宫墙、棂星门、泮池、泮桥、明伦堂、尊经阁、大成殿等组成。今仅主体建筑大成殿为原物。大成殿立于方形台基上，殿前有月台。大殿面阔5间，进深3间；单檐歇山顶，略有收山；覆以黄色琉璃瓦，翼角平缓。斗栱为重昂七踩式。昂嘴雕以菊花状，耍头也雕以异形纹。内部为彻上露明造，座斗、驼峰、丁头栱等有纹饰，但梁身未作雕饰，仅端部雕以三福云。淮北地区地处中国南北两种建筑风格的交汇地区，因此，太和文庙大成殿既有北方建筑的敦厚、沉稳和凝重之风，细部装饰又不失南方建筑的精丽之美。

# 十一、书院学堂

## （一）绩溪县桂枝书院

桂枝书院，位于绩溪县上庄镇宅坦村。宋景德四年（1007），绩溪人首建桂枝书院，这不仅是绩溪历史上第一个书院，也是安徽省最早的书院。北宋元丰年间，"唐宋八大家"之一的苏辙知绩溪县事。在他的倡导下，绩溪文风蔚起，书院大兴，社学和私塾也纷纷建立。"虽十家村落，亦有讽诵之声"，由此可见古代徽州读书风气之盛行。

## （二）歙县竹山书院

竹山书院，位于歙县雄村桃花坝，为清代雄村曹氏族人讲学之所。清代名人沈德潜、袁枚、金榜、邓石如等曾来此讲学。乾隆二十年至二十四年（1755—1759），书院建成，现存大部分建筑为原构，是留存至今保存较好的一座徽州书院。其占地面积约 2000 平方米，建筑面积 1218 平方米。书院主入口为四柱三间三层砖砌门楼，门额书"竹山书院"四字，传为书法家邓石如手迹。

竹山书院

雄村曹氏的仕途通达，究其原因，雄溪西岸、社屋北侧的竹山书院功不可没。竹山书院的修建实际上反映了徽商独特的思想印记。当时，寓居扬州的两淮八大盐商之一的曹堇饴虽称富宇内，但深受程朱理学影响，有着强烈的"商居四民之末"的观念。他虽然人前风光无限，但是始终在内心深处有着一种挥之不去的自卑，始终存有一种"读书入仕"的愿景。于是，曹堇饴在弥留之际，仍不忘嘱咐其子曹景廷、曹景宸："当在雄溪之畔建文昌阁、修书院。"乾隆二十四年（1759），曹文埴的祖父、曹振镛的曾祖父曹干屏终于建成竹山书院。书院厅堂宽敞明亮，正壁悬蓝底金字板联一副："竹解心虚，学然后知不足；山由篑进，为则必要其成。"该联是曹文埴所撰，意在勉励后学之士。书院的主体厅堂进门是前廊，隔天井为三开间后堂，这里回廊相连，曲径通幽。右廊有一侧门，通往内院。内院当年既有教室，也有先生的书斋、居所。廊尽头，有一厅院，名为"清旷轩"。据说，当年雄村曹氏立有族约"凡曹氏子弟中举者，可在庭中植桂一株"，所以它又被叫作"桂花厅"。虽然昔日丹桂密植、飘香不绝的景观不复存在，仅剩数株高大的老桂树依然盛开，与一旁的老梅为伴，但所幸清旷轩内，雄村乡贤曹学诗所作《清旷赋》

木刻吊屏、书法家郑莱所作的"所得乃清旷"小篆木刻匾额，以及摹刻颜真卿"山中天"书迹石碑，依然保存完好。

清旷轩的东面，有一座名为"百花头上楼"的小楼。该楼因四面长窗落地，诸般景色皆可收入眼底，故而又称为"四面楼"。在科举没有废除时，凡书院中有进学中举者，文会就在这里为之摆酒庆贺。"四面楼"的右前方就是文昌阁。阁筑于高台之上，平面呈八角形，俗称"八角亭"。阁楼设攒尖顶，是葫芦形的锡顶，在丽日下银光闪闪。8 个飞檐悬着金色的雀铃，微风拂过，叮当作响。

歙县竹山书院廊壁上嵌入颜真卿手书石刻"山中天"三字，字径一尺有五、浑厚雄峻、气势磅礴，更加突出了园林建筑的美。

当初建造书院时，为防止江水冲刷临江而建的书院的基脚，曹氏遂沿江岸修起了一道数里长的堤坝，形成城堞。当年坝上遍植桃树，故名桃花坝。每逢春日，坝上繁花竞放，犹如一片红云，遂称"十里红云"。曹文埴《石鼓研斋诗钞》有云："竹溪有桃数百株，花时烂漫如锦，春和景明，颇堪游眺……"信步江岸，远眺苍山叠翠，白鹭低飞；近观江水平平，扁舟自横。也许李白《清溪行》中"清溪清我心，水色异诸水。借问新安江，见底何如此？人行明镜中，鸟度屏风里。向晚猩猩啼，空悲远游子。"正是这里的生动写照。

竹山书院的确出了很多人才，这当中最有名的当属曹文埴、曹振镛父子尚书。曹文埴曾官至户部尚书，而曹振镛则官至军机大臣。据史料记载，仅明清两代，雄村曹姓学子中举者多达 52 人，其中还有状元 1 人。

竹山书院已修复了多处建筑遗存，现为全国重点文物保护单位，成为重要的风景园林旅游点。


# （三）黟县宏村南湖书院


南湖书院，位于南湖北畔，又称"以文家塾"，建于清嘉庆十九年（1814），"规模宏敞，工程浩大，旁有小楼可以俯瞰全湖风景，时见鸢飞鱼跃，生趣盎然。后有'乐彼'之园，植白皮松一株，枝干凝雪，斑驳离奇，其种来自粤东，殊不易得"。书院由志道堂、文昌阁、启蒙阁、会义阁、望湖楼和祇园六部分组成，另有庭院等占地达1公顷。曾任民国国务总理的汪大燮启蒙于此。

# （四）黟县关麓书院学堂建筑群

黟县关麓村遍布书院和学堂，足见关麓汪氏对文化教育之重视。关麓村"八大家"就有6处门楣题额与书院相关，如"安雅书屋""临溪书屋""双桂书屋""学堂厅""小书斋"和"问渠书屋"。"问渠书屋"是将"问渠哪得清如许，为有源头活水来"的寓意用于族中子弟读书学习之处，体现了主人告诫后人知识需不断积累的良苦用心。

关麓村现存的大型学堂厅有5座，即"吾爱吾庐""涵远楼""安雅书屋""双桂书屋"和汪沛云家的"新七家"学堂厅。清代以后，关麓曾建学堂厅7座，除以上的5座外，还有康熙年间建造的武亭山房内的学堂厅和乾隆年间建造的"问渠书屋"。小型学堂厅还有埜下的"临溪书屋"、汪静川建的"徐屋"、汪曙的画画厅、志顺公后裔的学堂厅、汪海区汪金寿家的"容膝亦安"、六家区的"桂屏书屋"和"中对屋"等7座。大小学堂厅共计14座，可见学堂厅在关麓村的重要地位。

大型学堂厅。在住宅团组中，学堂多靠近花园和村边绿地，环境幽雅。如武亭山房学堂厅和"问渠书屋"都在园林之中；"吾爱吾庐"和"临溪书屋"紧临溪边；"涵远楼"一侧为花园竹林，另一侧便是村外桑田；安雅书屋前面是村中央最大的一片绿地；汪沛云学堂厅在这片绿地的北面不远处，它北侧还有一座花园。关麓村中，大型学堂厅独立而建，多为两层，规模通常与大廊步三间相近，质量则比住宅正房还要精致。它们的形制比较灵活，常见新意，局部有外向性的特征。学堂厅开敞，上下层门窗都做得比较大，原因之一就是女眷不进学堂厅，只有男人和孩子在里面。大型学堂厅以回廊三间形式居多，小型学堂厅以三间菱花门式居多，少量为一间菱花门式。

吾爱吾庐

　　回廊三间式学堂，有三间上房，上下两层，有三间连通的前檐廊。回廊的作法有两种，"吾爱吾庐"中是三面环绕庭院，"安雅书屋""涵远楼"与汪沛云家学堂厅等则只在庭院左右两侧设回廊。上房底层明间是厅堂，太师壁前供孔子或朱子的牌位，也有供"天地君亲师"牌位的。家具布置与住宅的厅堂相同，厅堂前金柱间装有菱花格扇10扇。厅堂两侧次间是孩子们学习的课堂，需要充足的光线，因此采用菱花格扇槛窗，多为6扇，所以学堂厅上房前檐远比住宅上房前檐华丽。次间的门开在朝厅堂的一侧，紧靠前金柱的后面。楼上明间和次间也用菱花槅扇。大廊步一般有外廊，设花格栏杆或美人靠。小廊步则没有外廊，在前金柱上安槅扇。明间靠后檐墙有壁柜，在楼梯上方。"吾爱吾庐"学堂厅楼上与楼梯口相对的一侧有神龛，内供朱熹的牌位。孩子们开学时要先拜朱子，再拜先生。楼上有一个次间是老师的卧室，室内有单人床、书架、博古架、衣柜等。

　　"双桂书屋"则与众不同，它将住宅、别厅、书屋连成一串，但朝向却不尽相同。整体的轴线大致为东西向，住宅为"明三间"，朝南。一侧厢房开大门，通向前院；另一侧厢房有门通入小厨房。小厨房之后是一个小院，院内有金桂、银桂各一棵。院后又是朝东的两间别厅，前面一间又分出两小间，门额上题匾"双桂书屋"。别厅之后接着是书屋。别厅和书屋都有一方小小的天井，用于采光照明。书屋内用菱花槅扇分隔出一间暖阁，也可将槅扇全部卸下形成一个大空间。书屋左侧是个大厨房，楼上全部通敞，从书屋楼上可达别厅楼上。两个天井四周都做花栏杆板，栏杆板上装槅扇窗。"双桂书屋"巧妙布局，充分利用了空间，而且做工考究，风格典雅，很别致。"双桂书屋"中壁画及床檐画等以儿童嬉戏题材为主，十分活泼可爱。

"问渠书屋"则是园林式建筑，"中有方塘小池，有泉水冒出"，显然，建造者在选址时就看中了这股泉水，并以此为名。塘北岸有一廊；南岸则是一片粉墙，中央有个月洞门。门内三间楼房，便是原"南华别墅"，用于塾师的书斋和住房。从连珠书房到塘西岸的大厅，有一条紧贴水面的石板桥。桥的西端、大厅的右前方有一座水榭，翼角高翘。大厅之南，又有一幢花厅，与大厅檐廊有门相通，楼上架廊连接。花厅朝西，皆用菱花槅扇装饰，其南又接一所小院，院的门额为水磨青砖，刻篆体"览辉"二字，石绿色，十分清雅。精致的楼台、茂盛的树林，合成一处精妙的园林书屋。

总而言之，关麓村非常重视教育，充分利用各种条件，营造优雅、精巧、活泼的读书环境，很值得今人借鉴。

# 十二、牌坊牌楼

牌坊牌楼，是中华特色建筑文化之一。在我国封建时代，特别是明清时期，因忠、孝、节、义而显姓扬名者，往往立坊旌表，此坊为功名坊、节孝坊。此外，遇福禄寿喜、吉庆祥瑞等重大事件，时人也可立坊彰表，以示纪念。

## （一）歙县许国石坊

许国石坊，矗立于歙县阳和门内，建于明万历十二年（1584），是为明代礼部尚书兼东阁大学士许国（1527—1596）所立的石牌坊，又名"大学士坊"，俗称"八脚牌楼"。

许国石坊系四面八柱的立体牌坊，其形制为中国坊林中的孤例。它实际上是由一对三间四柱三楼牌坊，与一对单间双柱三楼牌坊围合而成。它突破了普通牌坊"面"的局限，汇聚南北、东西两条轴线，具有独特的环境艺术魅力。许国石坊采用青色茶园石料，仿木结构。石坊上的浮雕展示了明代徽雕工艺水平，精丽流畅、淡雅明快。浮雕内容选择了许国生平诸多闪光点，予以艺术再现，文化意蕴深厚。"鱼跃龙门"暗示许国科班出身；"三豹（报）喜鹊"，隐喻许国万历十一年（1583）三步升迁；"龙廷舞（武）鹰（英）"，隐喻许国曾任武英殿大学士。石坊匾额上镌刻的"大学士""上台元

115

老""先学后臣"等字样，出自明代书画家董其昌之手。基座上 12 头或奔驰或蹲踞的石狮，既有装饰作用，也增强了石坊结构的稳定性。1988 年，许国石坊被列入全国重点文物保护单位。

## （二）歙县丰口四面坊

四面坊，位于歙县富堨镇丰口村，是明嘉靖年间为旌表丰口人郑绮而建。郑绮，嘉靖二十六年（1547）进士，曾任云南按察司佥事。四面坊的建筑年

丰口四面坊

代早于许国石坊。是现存年代较早的徽州四面立体式石坊。四柱三楼，主位朝南，形制独特，平面正方形，是"口"字形四面坊。其边长 3.8 米，高 11 米，梁和柱为花岗岩，坊和板皆紫砂岩。脊檐下有花栱，雀替雕饰花卉。实际上，它是由 4 个单间牌坊闭合而成，每面看上去均为一个二柱三楼式石坊。南面额坊上刻"台宪"二字，垫板上注"云南按察司佥事郑绮"。北面额坊题刻"敕赠""廷尉"，并注"大理寺左副郑廷宣"等字。西面有"恩荣""进士"等字。东面无字。此坊形制实不多见。

## （三）绩溪县冯村进士坊

冯村进士坊，位于绩溪县浩寨乡冯村槐溪河岸，建于明成化十五年（1479），为旌表进士冯璿而立。石坊高 8 米，宽 8.2 米，进深 2.5 米，为四柱三门五楼式建筑，通体采用质地坚硬的麻石花岗岩制成。一楼明间月梁厚实粗壮，梁长 3.13 米，梁上饰双狮戏球浮雕，次间月梁双面为马鹿浮雕，并用浮雕云纹雀替承托。二楼平板梁衔接处以镂空如意漏窗栱托。明间额枋两面刻有"进士第"3 个大字。整个楼层两面各有 8 个斗栱支托顶端流檐飞脊，脊头伸出鳌鱼翘尾。

石坊总体造型简朴严谨，布局合理，左右对称，历经数百年仍完好无损，为古徽州石构建筑珍品之一，也是绩溪县目前现存最早的石坊建筑。石坊现为安徽省重点文物保护单位。

## （四）黟县西递胡文光牌坊

黟县西递胡文光牌坊，建于明万历六年（1578），清乾隆、咸丰年间曾修葺。坊基占地 100 平方米，高 12.3 米，宽 9.95 米，四柱三间五楼单体仿木结构。通体为质地坚实细腻的"黟县青"石料筑成。胡文光牌坊现为安徽省重点文物保护单位。

该坊中间两柱前后雕有两对作为石柱支脚的倒垂石狮，造型逼真，威猛传神。梁枋、匾额、石柱、倚柱、斗栱都装饰有对称的雕刻图案，且多有寓意。斗栱两侧，饰有 32 个素面圆形花盆，象征花团锦簇。雕花漏窗上，有牡丹、凤凰、八仙和文臣武将，以及游龙戏珠、舞狮耍球、麒麟嬉逐、麋鹿奔跑、孔雀开屏、仙鹤傲立等石雕，个个细腻生动，无不活灵活现。石坊前后都有题签镌刻，二楼额枋上刻有"登嘉靖乙卯科奉直大夫胡文光"字样，三楼匾额东、西面分别刻着"荆藩首相"和"胶州刺史"楷书大字。

牌坊造型宏伟，雕刻精湛。整个牌坊从选址定位、布局结构，到雕饰造型，都富有典型的明代风格，古朴儒雅，高耸稳重，既有庄严安恬之感，又富于空间组织的科学性。

# （五）绩溪县龙川奕世尚书坊

奕世尚书坊，坐落于绩溪县瀛洲乡大坑口村，与龙川胡氏宗祠隔河相望。该坊建于明嘉靖四十一年（1562），为胡氏一门两尚书而立，现为安徽省重点文物保护单位。

所谓"奕世"，即累世、代代、一代接一代之意。该坊是为户部尚书胡富、兵部尚书胡宗宪而立。胡富是明成化十四年（1478）进士，胡宗宪是明嘉靖十七年（1538）进士，两人刚好相隔 60 年荣登金榜，故冠以"奕世"称号。

牌坊的整体结构采用侧脚做法，向内收敛，4 根大柱子抹去棱角，即讹角柱；立柱的南北两向各有抱鼓石护靠，造就了端庄稳重、傲然挺拔的美感效果；坊顶为歇山式，用茶园石石板砍凿而成，由斗栱支撑并挑檐。各正脊两端，鳌鱼对峙，明间正脊中部置火焰珠，8 只戗角翘然腾飞。主楼正中装置竖式"恩荣"匾，其四周盘以浮雕双龙戏珠纹。下方花板南北两面，分别镌书"奕世尚书"和"奕世宫保"。字迹遒劲流畅、气韵不凡，为书法大家文徵明手书。

奕世尚书坊石雕工艺精湛。其 4 根定盘枋起线两道，再饰以莲瓣纹。梁柱接点处用花牙子雀替装饰。额枋雕刻图案异常精美，匠师施展了各种雕刻技法，综合运用圆雕、透雕、深浮雕、浅浮雕、镂空雕等工艺，使一幅幅精美生动、巧夺天工的画面跃然石上，如：鲲鹏展翅、仙鹤腾飞、太狮滚球、双龙戏珠，布局脱俗，寓意深广，美不胜收。而中额枋北向的一组画面，更为神奇。匠师以石代纸，用凿为笔，驰骋在广瀚的艺术天地之中：山、水、亭、台、楼、阁，无一不肖；文武百官，优哉游哉，各行其好，或弈林决雄，或书海探宝，或独钓河畔，或互论阴阳。世外桃源之生活，太平盛世之欢畅，在这里得以淋漓尽致地描绘。冰冷的石头，经过匠师的双手，仿佛散发出阵阵热流，让人感到温暖舒畅。如今，虽稍有风化残损，当年的华美工艺仍历历在目。

## （六）歙县棠樾牌坊群

棠樾牌坊群，坐落于歙县棠樾村，计 7 座石坊和 1 座路亭，沿入村的道路布置。自东至西依次是：鲍象贤尚书坊，建于明天启二年（1622），清乾隆六十年（1795）重修；鲍逢昌孝子坊，建于清嘉庆二年（1797）；鲍文渊继妻吴氏节孝坊，建于清乾隆二十二年（1757）；乐善好施坊，建于清嘉庆二十五年（1820）；骢步亭，建于清乾嘉年间；鲍文龄妻汪氏节孝坊，建于清乾隆四十一年（1776）；慈孝里坊，建于明初，弘治十四年（1501）重整，清乾隆四十二年（1777）重修；鲍灿孝行坊，建于明嘉靖年间。

七座石坊形式统一，均为三间四柱三楼式，仿木结构。它们和骢步亭构成了一个完整的建筑群。牌坊是标榜封建礼教的纪念性建筑，棠樾牌坊群以"忠孝节义"为序，昭示了儒家伦理道德观。布局上，牌坊群顺着弯曲的道路展开，既深化了层次，又显得自然贴切。骢步亭为四角攒尖式小亭，门额上有清代书法大家邓石如题名。小亭的点缀，丰富了建筑群形象。棠樾牌坊群为全国重点文物保护单位。

# （七） 歙县郑村牌坊群

郑村牌坊群，位于歙县县城西郑村镇郑村东西向主干道，是一批明代建筑。

郑氏宗祠坊，建于明万历四十三年（1615），是郑氏宗祠门坊，为全国重点文物保护单位。宗祠坐北向南，沿中轴线依次建有门坊、门厅、享堂和寝堂等。享堂构筑宏敞，梁柱用材硕大。月梁、瓜柱、平盘斗均旋云头卷草雕饰。斗栱采用斜栱，装饰性强。祠前门坊宏伟高大，三间四柱五楼，宽 9.85 米，高 12.5 米，灰凝石材质，梁、柱及坊额遍施锦纹雕饰，典雅工丽。门坊为旌表本村先贤郑千龄、郑玉父子而立。"圣旨"牌空白无字。二楼额枋正面原镌"奕世忠贞"，背面镌"名宗孝祀""直隶江南徽州知府洪有助、同知嵇汝沐、通判郭钟秀、知县□□□，万历乙卯孟秋同题""裔孙允中、学诗同立"等字，惜均毁于"文革"。

忠烈祠坊，位于忠烈祠前，两侧还有司农卿坊、直秘阁坊，均建于明正德年间。忠烈祠坊为三间四柱五楼形制，为汪氏崇祀其祖汪华而立。因汪华死后谥号为"忠烈王"，故此坊得名"忠烈祠坊"。司农卿坊、直秘阁坊均为单间二柱三楼形制。三坊沿道路一字排开，主次分明，装饰统一，形成一组完整的牌坊群。

贞白里坊，为传统"里坊"遗存，始建于元代，为旌表元代郑村郑千龄一家三代乡贤而立。明弘治十二年（1499），坊重立，嘉靖六年（1527）重整，清乾隆二十年（1755）重修。里坊为汉、唐时期京都常制，宋、元以后已不多见，旌表一家三代的里坊，则更为罕见。贞白里坊，位于郑村街道北侧巷口，俨然如门，当地人又称之为"贞白门"。贞白里坊为石质，仿木结构，风化较严重，两柱单间三楼，宽 5.7 米，高 8 米。石柱内侧有门框卯口，据此推测旧时装有门扇。一楼额枋上篆刻"贞白里" 3 个大字，二楼横匾为"贞白里门铭"。

## （八）歙县许村牌坊群

　　许村牌坊群，位于歙县许村镇许村，村中至今完好地保存着 8 座牌坊。这些牌坊虽不能一次进入视野，但每一座牌坊都是纪念碑，每一座牌坊都有一个神奇的故事，诉说着许村曾经的辉煌和荣耀，蔚为壮观。

　　五马坊，位于歙县许村高阳桥东头老街中，建于明正德二年（1507）。整座石坊为砂岩石材质，四柱三间五楼，典型的牌楼式，宽 8.2 米，高 9.7 米，

五马坊

石雕精美。由于石质疏松，雕饰风化十分严重，但多数图案仍清晰可辨，龙凤板"五马坊"字匾醒目。"五马"，是封建时代太守或知府的雅号，坊主许伯升曾任福建汀州府知府。五马坊是明朝初期朝廷下旨为旌表知府许伯升而立，也是许村年代最久的一座功名坊。由于古时天子乘坐八驾马车出行，知府可以乘五驾马车出行，故称此坊为五马坊。坊梁两端，饰有明代早期建筑特有的鸱吻"哺鸡兽"石雕。这种石雕存世稀少，为研究明代建筑的遗珍。

双寿承恩坊，位于许村高阳桥东首，建于明隆庆年间。该坊为砂岩石质，四柱三间五楼，宽7.9米，高9.5米，雕饰繁复华美，与五马坊错角隔亭（大观亭）相望。因石质较松，风化严重，许多雕刻已经剥落，但其精美的雕刻构图脉络仍清晰可辨，明间两柱前后置4头石狮，仍栩栩如生，活泼可爱。坊主姓名无考，坊板镌刻"双寿承恩"四字，墨黑醒目。传说，此坊系朝廷为许村一对百岁寿星夫妇所立。当年村中徽商许世积夫妇乐善好施，热心公益事业，凡修路建亭，慷慨捐赠，赢得赞誉之声，且两位老寿星分别活了101岁和103岁，朝廷因此旌表两位老人为"人瑞之侣"，赐建这座双寿承恩坊。

薇省坊，位于许村镇高阳村西端，建于明嘉靖中期。直柱为花岗岩石材，四柱三间五楼，宽8.8米，高11米。花板为砂岩石材，刻工精美，但风化破损严重，右次间三楼已毁，字板大书"薇省坊"三字。许村人许琯，于嘉靖二年（1523）中进士，曾任布政使，后官至湖广参政。"薇省"即唐宋时期对"中书省"的雅称或对省级官员的代称。这里的"薇省"当是沿袭旧称，立此牌楼，以标官位，光宗耀祖。

三朝典翰坊，位于许村镇高阳村西头，距薇省坊约百米，横跨古街，建于明崇祯十四年（1641）。该坊形制为三间三楼四柱冲天，宽9米，高11.5米，花岗岩材质。坊南北向，字板南面书"三朝典翰"，下字板书"直纂修徽仕郎加正五品服俸中书舍人汪伯爵敕赠元配孺人凌氏敕封继配孺人吴氏"；北面书"奕世承恩"，下字板书"敕赠徽仕郎中书舍人汪德章　敕赠孺人许氏继配孺人罗氏"。柱梁光洁，雕饰简朴，保存现状完好。坊主汪伯爵，志书未载，可能是捐官。

大郡伯第坊，立于许村高阳村东头，建造于明代。形制为四柱五楼，宽9.6米，高8.6米，水磨砖砌。梁枋雀替等处有细腻雕刻，花团锦簇，三层檐

薇省坊

皆四角翘起带鸱吻，中脊两端装鳌鱼，字板上书"大郡伯第"，下坊字板镌刻"赐进士第湖广武昌府推官唐中楫辉为中宪大夫福建汀州府知府许伯升重立"。许伯升，元末明初许村人，身怀武艺，曾效力于元王朝镇压农民起义军，因不愿多杀人被称"义行士"。"多索一分一厘是祸国殃民，少了一冤一枉乃为官正道"，这是许伯升留下的名联。

双节孝坊，位于许村镇环泉村，清嘉庆二十五年（1820）立，是一座体量甚小的贞节牌坊。该坊形制为双柱一楼，宽2.9米，高4.7米，有月梁，平板枋中部立一小"圣旨"牌，牌上立一宝顶葫芦。字板镌刻"旌表故民许俊业继妻金氏妾贺氏双节孝坊"。由此可知，该坊是朝廷为表彰许俊业的继妻和小妾两人节孝而立。据传,当时许俊业死后,家境贫穷,他的继妻与小妾以做鞋底和绣花为生,勤俭节约。她俩守节的故事传到了京城,皇帝赐建牌坊。于是,她们就用微薄的积蓄造了这座最小的"双节孝坊"。

冰寒玉洁坊,又名"彤史垂芳坊",位于许村镇东沙村南,清嘉庆十九年(1814)立。形制为单间三楼,四根短柱冲天,宽4米,高5.5米,花岗岩材质,几无雕饰。字板西面书"彤史垂芳",东面书"冰寒玉洁"。两面皆注"旌表故儒童许可玑之妻程氏节孝"。据说,牌坊坊主程氏尚未成婚,未婚夫就不幸身亡了,可她却仍然执意嫁过去孝敬公婆。从此,日复一日年复一年,春夏秋冬,耗尽了青春年华。她凭着一手好刺绣养家糊口,一心一意在家侍奉公婆,直至二老终年。程氏用一生的德行换来乡里和县里的一片赞誉,后经徽州知府上报朝廷,恩赐建立了这座贞节牌坊。坊上字迹清晰可辨,坊体保存完好。

# (九) 歙县稠墅牌坊群

稠墅牌坊群,位于歙县郑村镇稠墅村,是安徽省重点文物保护单位。稠墅村为汪姓聚居地,明、清之际多富商,有名园巨宅。村西古道现列4座石牌坊,均为四柱冲天式三间三楼,跨路纵列,4座牌坊逶迤约500米,构成一组石牌坊群。其中1座建于明天启年间,另外3座均建于清代。两座功名坊、两座节孝坊,自东向西依次为:

夫子大夫坊,位于村西街头,建于明天启元年(1621)。石坊宽8米,高10米,字牌为灰凝石,其余构件为花岗岩材质。整座牌坊朴素无华,格调高雅庄重。坊顶字匾书刻"诰命",中间额枋刻"夫子大夫"四字,下坊刻"奉政大夫福建兴化府同知汪克明中宪大夫贵州黎平府知府汪懋功"。字皆墨笔楷书,工整端庄,至今仍清晰可辨。

方氏节孝坊,乾隆三十九年(1774)立。石坊宽9.55米,高11.5米,灰凝石材质,雕饰甚少,有"圣旨"匾,中间坊板书"节孝"二字,下坊板刻"旌表故州同晋赠资政大夫候选道加四级汪廷瑞妻诰封夫人方氏"。

*稠墅牌坊群*

　　褒荣三世坊，乾隆二十七年（1762）立。石坊宽 9.8 米，高 10.6 米，灰凝石材质。明间两柱前后置四尊立狮，上枋与梁刻锦纹，通体素雅。龙凤板"诰命"字匾，字板两面分别刻"褒荣三世""卿贰班联"；下方字板书刻"诰赠资政大夫汪景星汪元信""诰授资政大夫钦赐奉宸苑卿汪廷璋"。从字面分析，所谓"三世"，应是汪廷璋受封后，再追赠其父与祖父，同享荣光。徽商汪廷璋先世迁扬州，经营盐业，富至千万，人称"铁门限"，因迎接乾隆皇帝南巡有功而获赐奉宸苑卿等职。褒荣三世坊对于研究两淮盐商历史具有重要意义。

吴氏节孝坊，建于乾隆十五年（1750），与前述方氏节孝坊相似。石坊宽7米，高12米，灰凝石材质，雕饰素朴，有"圣旨"字匾，中间坊板书"节孝"二字，下坊板刻"旌表故贡生候选儒学训导晋赠中宪大夫光禄寺署正加六级汪祖晖妻诰封恭人吴氏"。

稠墅牌坊群承载了稠墅村村落建设、宗族制度及社会经济等诸多历史变迁。

# 十三、舞榭歌台

戏台是传统社会文化娱乐和教化活动的重要场所。民间有固定戏台，也有临时搭建的"草台"。村镇的戏台简陋，祠庙会馆的戏台素朴，皇宫的戏台华丽，但都充满着文化内涵。

## （一）亳州花戏楼

花戏楼，坐落于亳州市城北，为大关帝庙的山门及戏楼，建于清康熙十五年（1676）。大关帝庙系山陕药商集资兴建，具有娱乐、祭神及商务功能，又称山陕会馆。

花戏楼的南立面为一组门坊。三间四柱五楼门坊居中，字匾上镌"大关帝庙"。拱门前石狮相依，一对16米多高的铁旗杆高耸入云，杆顶丹凤展翅，蟠龙绕杆舞动；两侧对称分布钟楼、鼓楼，均为单间双柱门楼，拱门。

戏楼北立面为戏台，凸字形平面，便于演出。戏楼为木结构，歇山顶式，飞檐翘角，五彩琉璃屋面。柱枋上垂莲、悬狮、鳌鱼，全部彩绘。正中藻井，环装大木透雕三国戏文十八出。台前檐柱悬挂木对联："一曲阳春唤醒今古梦，两般面貌做尽忠奸情。"上悬"演古风今"匾额。花戏楼兼收南北建筑风格之长。它外砌澄泥水磨青砖，拱门，梁柱用料硕大，具有北方建筑大处着墨、敦厚沉稳的特点；于细部处理时，精雕细琢，又不失南方木构的绮丽之

127

风。山门正上额的《全家福》，井坊上的木雕《长坂坡》《空城计》等，为清代雕刻中罕见的精品。1988 年，花戏楼被列入全国重点文物保护单位。

花戏楼

## （二）徽州古戏台

徽州历史上建有大量戏台，早在明万历年间，歙县知县傅岩就在《歙纪》中说："徽俗，最喜搭台观戏。"古戏台也就成为徽州重要的文教娱乐建筑。徽商促进了徽州经济的繁荣，也促进了文化的发展，提高了徽州的整体文明素质。徽州城乡遍布着各式古戏台，因时代变迁，存世的古戏台已为数不多，但我们仍能从中领略到昔日戏台之磅礴气势。

古戏台大多建造在宗族的祠堂内，是祠堂建筑的一部分。它有两种形制：一种是戏台与祠堂前进合为一体，不唱戏时是祠堂的通道，而装上台板就是戏台，这种戏台被当地人称为"活动戏台"；另一种是戏台也建在祠堂内，却是固定的，这种戏台则被称为"万年台"。这些古建筑群体建造精良，集实用与艺术于一体，反映了古徽州鼎盛时期民间戏剧艺术的繁荣景象。

古戏台祠堂的平面布局一般为 3 开间或 5 开间，10～15 米进深，三进两明堂（天井）。戏台为门厅部分，中进为享堂，后进为寝堂，天井两边为廊庑，部分前进廊庑建成观戏楼，又被今人称作"包厢"。梁架为木结构，外围有砖墙封护。戏台做工讲究，有的台面挑檐，额枋间布满了装饰性的斗栱或斜撑，额枋上还雕刻着各种戏文、花鸟图案。两侧看台长廊是由石柱或木柱擎起的。

徽州古戏台遗存最多的是祁门县。祁门县的新安乡、闪里镇等地有多座古戏台完整地保存至今，在全国也是罕见的。这些戏台以"布局之工、结构之巧、装饰之美、营造之精"而被世人称奇，不仅体现了中国古代民间建筑的艺术风格，更体现了几百年前古徽州经济文化的重要特征和乡风民俗。

据调查统计，祁门县现存古戏台 11 处：新安乡 8 处，即珠林村"余庆堂古戏台"、叶源"聚福堂古戏台"、上汪"述伦堂古戏台"、李坑"大本堂古戏台"、长滩"和顺堂古戏台"、良禾仓"顺本堂古戏台"、洪家"敦化堂古戏台"、新安的"新安古戏台"。闪里镇 3 处：坑口"会源堂古戏台"、磻村"敦典堂古戏台"和"嘉会堂古戏台"。这些风格各异、各具特色的古戏台，是明清时期徽州古戏台经典之作。

珠林村的余庆堂古戏台，为古祠余庆堂的戏台，戏台与祠同建于清同治年间。戏台坐东面西，与祠堂正厅相对。台面高 2 米，面积 98.6 平方米，分前台、后台。

余庆堂古戏台气势雄伟、装修精美。舞台檐口装饰渲染极具特色，被设计师抬高做成了翘角式"五凤楼"造型，与两侧鼓乐台稍低的檐口形成鲜明对比。戏台正立面制作工艺非常讲究，台前檐梁枋层层雕刻精致，挑檐底饰有装饰性的密集蜂巢式挑檐小斗栱，增加出沿层次，显得非常豪华。内外额枋、斜撑、月梁部位均雕刻着各种精巧的人物、戏文、花鸟图案。室内天棚装饰也分主次部位。舞台中间演出区顶部正中有一个造型特别的藻井，其他三面为卷棚轩顶。穹隆形藻井有如巨钟，罩在舞台中心上方，"钟"口直径2.4 米，深 1.3 米。"钟"口是八角形，中间有一个八角形的束腰，顶部是一个八角形的八卦木雕结。藻井分成上、下两部分，下部四周均布 32 根"S"形木筋，上部均置 24 根"S"形木筋，上部的木筋端头汇聚于八卦形井顶，木筋外面用光滑的木板密封。井口、腰、筋、板面均涂以淡黄色油漆，无水藻图案。这口藻井的井口、腰、筋尚好，但外圈封板破损严重。

舞台前方两侧，也就是天井两侧的廊楼，为观戏楼。楼上是贵宾包厢，两边观戏楼外看是三小间，内部却是一通间，内设美人靠，外有几何图形漏空窗棂，美观且不挡视线。透过窗棂可观看戏台上的整个演出活动，非常惬意，这里也是当地有名望、有地位的人物和大户人家的小姐观戏之所。进出观戏楼的通道在舞台的左右两侧，与舞台共用一个后台通道。

余庆堂四周风火墙、享堂、寝殿皆是徽州风格，但是古戏台木雕、梁柱等都涂刷有彩色油漆，而且舞台挑檐斗栱小而密集，颇具赣文化风味，何以如此？据考证，原来珠林村地处皖赣交界，是徽文化与赣文化相互交融的过渡地带，余庆堂戏台是江西工匠建造的，所以余庆堂既有徽州风格，又蕴含赣文化痕迹，成为建筑文化交融的实证。

坑口村的会源堂古戏台，气势恢弘，祠堂内的木柱皆需两人合抱，石础刻有纹饰。堂内天井洞开，异常开阔，与一般祠堂的天井不同，严格地说这并非真正的天井，它不设排水沟，清一色石板铺地，两侧走廊路面由鹅卵石铺筑，十分规整。该祠始建于明万历十五年（1587），由戏台、享堂、寝堂三部分组成，总面积约 600 平方米。戏台坐南朝北，面积 97.44 平方米，两厢看台及天井面积为 206.56 平方米。戏台底座皆空，台面以木柱支撑，上铺台板，为固定式"万年台"。该戏台后壁即祠堂南墙不设大门，这在徽派建筑中并不多见。据说，这种设计是为了方便百姓看戏，观众从祠堂侧门出入，不影响演出。戏台前面部分的明间为演出场地，两侧各有一片厢房，为乐队伴奏之处。台前设有石雕栏板，两侧有楼梯与看台相连。戏台正中央顶部有穹隆形藻井，梁架结构为硬山搁檩式，额枋、月梁、斜撑、雀替等雕饰各种立体木雕，整个戏台雕梁画栋，装饰别具一格。戏台两侧楹联云："芝山月土歌声澈，竹经风生舞珮摇。"戏台两侧廊式看台前檐柱为方形石柱，柱台上设有菱形斗栱。檐枋、柱台、撑栱均雕有精美纹饰和人物饰件。戏台墙面上，各地戏班的信手题壁仍依稀可辨，上自清咸丰三年（1853），下至1986年，皖赣两省的彩庆班、长春班、德庆班、四喜班、喜庆班、同乐班、景德镇采茶戏剧团、休宁县黄梅戏剧团等均曾来此演出，尤以清代同治、光绪年间为盛。

# （三）岳西县古戏台

岳西县地处大别山腹地，皖西南边陲，也是个多元文化碰撞交融的地带，是安徽省戏曲剧种最多的县份之一。明清时期，黄梅戏、岳西高腔和弹腔、二扬子、傀儡戏等剧种在山区广泛流传和上演，成为宗祠戏台产生、发展的极大推动力。至今，县内仍保存着大量的家族祠堂戏台，成为研究宗族文化与演剧环境的有力佐证。岳西宗祠戏台的产生和发展受到当时政治、经济、宗法制度及民俗文化等多方面的影响，从建筑的选址到戏场的中轴对称布局，从戏台建筑的朝向和位置、戏场的装饰及戏曲剧目的上演无不如此。虽然宗祠活动如祭祖求神和演戏活动带有严肃性，但宗祠中族人聚会和观戏活动却带有亲切的人神共享"天伦之乐"的气氛。

岳西孙氏宗祠古戏台，位于岳西县姚河乡梯岭村。孙氏宗祠是岳西宗祠建筑风格的代表，现为安徽省重点文物保护单位。据现存碑刻记载，孙氏宗祠于清乾隆十八年（1753）建成，五进两庑间一天井，同时建有古戏楼及两侧走马通楼，计房屋64间。宗祠坐北朝南，面宽53.3米，进深40.6米，建筑面积1560平方米，占地3320平方米。该祠古朴雄伟，规模宏大，布局严谨，设计独特，工艺精美。正门前广场安放着一对大石鼓，石鼓上矗立着高大的木质旗杆，正门为曹门结构，宽敞威严。两侧风火墙向外，高10余米，形成牌坊状结构。沿口墙上画着五彩图，有人物、花鸟、流云，至今色彩鲜艳，清晰可见。前厅正中楼上是造型别致的古戏楼，戏楼阁柱雕镂双龙抱柱，戏楼顶皆是彩绘，栩栩如生。中厅高大雄伟，七架驮梁，升斗精美。额坊雕刻着历史故事、人物，生动传神。过中厅往后是天井，天井地面全由正方形石板铺砌。后厅是神堂，西庑为庖福之地，东庑为教育乡里学子之所，四合院形式，自成体系，称映雪斋，寓"孙康映雪"之意。祠内排水全部用暗道，无明沟。石雕柱础224个，有鼓形、方形、棱形，雕刻精美。主体结构是青砖、小瓦、马头墙，风火墙壁为硬山顶。前后横砌八堵风火墙，三叠马头互相对称，迎面观之成两座牌楼。祠内的古戏楼还是安庆地区已知最早的有记

岳西古戏台

载演出班社和剧目的古戏台，是研究安徽省戏曲文化历史难得的珍贵史料。

　　岳西宗祠戏台不仅是中华民族宝贵的历史文化遗产，更是古代民众生活的"活化石"，对研究岳西旧时的建筑形制、戏曲文化、审美趣味、风俗习惯等都有重要的参考价值。随着社会的快速发展，岳西宗祠戏台正面临着日渐消亡的危险，在传统文化离我们渐行渐远的今天，我们不仅要修复和保护古戏台，更要继承和发扬中国优秀传统文化。

# 十四、山河塔影

塔的种类繁多，主要分为佛塔与风水（景观）塔。其造型各异，功能不一，塔址位置及材料工艺更是丰富多样。安徽现存名塔数十座，其中多数为国家级文物保护单位。

## （一）歙县长庆寺塔

长庆寺塔，位于歙县县城西门外的练江南岸西干山麓，面临练江。唐武德四年（621），新安郡易名歙州；至德二年（757），在歙州城外西干山一带兴建兴唐寺；宋代改名为太平兴国寺，后又陆续建造 10 座寺庙，长庆寺即为十寺之一。北宋时，长庆寺中建起一座寺塔，今寺毁而塔存。

长庆寺塔虽不高，但因地势险要显得很雄伟。塔建于北宋宣和元年（1119），虽经元、明、清及民国年间重修，但造型未改。塔身许多部分仍为原物，形制古朴秀丽，具有多宝塔的意味，为江南少见的古塔。塔平面方形，7 层实心楼阁式，砖石结构。原塔于乾隆四十一年（1776）被雷击毁。现塔高 23 米，塔下设石质须弥座，须弥座上设有副阶。第一层较高，四面辟有券门，内置佛像，今佛像已不存，而石雕莲瓣佛座仍在，往上逐层递减。第二层以上，墙中间均隐出窗券，各角砌方形倚柱。檐口以砖叠涩挑出，叠涩砖上为木构腰檐。塔身外壁有彩绘佛像，已经后代重绘。每层塔檐均以砖叠涩挑出，上覆以筒瓦。塔顶为铜制葫芦状宝瓶。各层塔檐悬有铁制风铎，江风徐来，铃声悦耳。

长庆寺塔是存世极少的小型砖石结构、四方形楼阁式实心宋塔遗存，历史文化价值甚高。

# （二）宣城广教寺双塔

广教寺双塔，位于宣城市城北 5 里敬亭山南麓。据清嘉庆《宁国府志》载，广教寺建于唐宣宗大中三年（849），历代曾重修，今寺已毁，仅存二塔。关于双塔的建造年代，文献资料及地方志书均无载述，唯两塔之二层内壁东塔之东面、西塔之西面各嵌有苏轼书写的《观自在菩萨如意轮陀罗尼经》刻石，署款为"（宋）元丰四年（1081）二月十七日责授黄州团练副使眉阳苏轼书以赠广教寺院模上人"。两块刻石的后跋上书"（宋）绍圣三年（1096）六月元旦宛陵乾明寺楞严讲院童行徐怀义摹刊普劝众生同增善果"。因此可知，苏轼书经由徐怀义摹刻上石，分列置于东西塔上。据专家考证，两刻石四周灰缝及砌砖尺寸与塔内壁其他部位结构、细部手法一致，刻石应是建塔时砌入，再结合双塔造型风格、结构方式和艺术特色等特点，可推断双塔的建造年代，应是北宋时期，大约建于北宋绍圣三年（1096）之前。

双塔东西对峙，相距 26.9 米，形制相同，均为仿木楼阁式砖塔，7 层。塔顶残损，残高均为 17 米余。塔平面呈四方形。两塔大小略有差别：东塔底层塔身南北长 2.63 米，东西长 2.62 米；西塔底层塔身南北长 2.35 米，东西长 2.34 米。塔身建于规整的砖砌基础上，现有基座下面为砌砖叠涩大方脚，砖下为夯土填层。双塔外观挺秀，由下而上逐层递减，轮廓微有收分。塔身底层三面开门，3 层以上均四面开门。塔内为空筒式，每层原有楼板和木梯扶手。塔身大部采用走砖砌造，内壁下层大约每隔半米左右置板状木骨层。两塔每层有腰檐平座。柱、枋、斗的作法都反映了宋代建筑的特征。塔的每一面以间柱分为 3 间。中间为圆拱间，两侧设破棂窗，隐出贴颊、腰串等仿木构件。转角圆形的角柱有卷杀、侧脚，阑额上设补间铺作一朵，出华一跳。二层在补间铺作的两旁正中有心柱两根，尚保留唐代的做法。角柱上有转角铺作，各层塔檐砖砌叠涩和菱角牙子，出檐由斗承托。檐上平座用叠涩砖砌成，间壁上装饰砖雕莲坛坐佛像尊。

广教寺双塔

双塔外观挺秀，外形轮廓微有收分，塔身壁体内使用了木骨作筋，下层并有横铺木板砌于墙内以起隔潮作用。塔外檐制作精美，为砖石仿木构楼阁式塔的重要实物，具有极其珍贵的艺术、科研、历史价值。双塔的艺术特色，在于兼收唐、宋古塔之长。唐塔重气韵，平面为正方形，古朴浑厚，雍容大度，如西安小雁塔；宋塔倾向柔美，八角形平面居多，精巧工整，如福建泉州开元寺仁寿塔。唐塔贵在丰腴不流于平滑粗俗；宋塔长于精致中见劲秀。宣州广教寺双塔仍然采用方形平面及直井式塔心室，这保留了唐代佛塔的古意。它们比例修长，自下而上逐层收分，又兼具宋塔某些外观特征，伟岸中见精巧，质朴中见华美，简练中见丰富。

广教寺双塔是我国可登临双塔的最早实例，为我国同类建筑的演变提供了重要的实物资料。一寺双塔，在我国佛教建筑中遗存甚少，我国现存宋代双塔，例如广州光孝寺东西铁塔，体形很小，不能上人；杭州灵隐寺双石塔、苏州罗汉院双塔、泉州开元寺双石塔都是平面八边形；昆明大德寺双塔是方形，为明代建筑，外观为密檐式，不能上人。宣城广教寺双塔的重要特征是采用了方形平面及直井式塔心室，并保存了自汉、晋、南朝及唐、五代传统佛塔的古意，又可登临，当为全国孤例。1956 年双塔被列入安徽省文物保护单位，1988 年被评为全国重点文物保护单位。

# （三） 泾县水西双塔

水西双塔位于泾县县城西 2 公里的宝胜寺左右两侧，因地处泾水之西，故称"水西"。古代这里为佛教圣地。南朝梁天监七年（508），这里就建了凌岩寺；唐、宋时多次修复，改名宝胜禅寺；自唐代开始造塔，后又建青霜阁、烟雨楼、溅玉亭及水西精舍书院等。唐时，此处已是楼阁参差，浮屠对峙。李白、杜牧等都曾游憩、留诗于此。现绝大多数建筑已废毁，唯两座宋塔屹立于水西白云山麓。水西双塔，一为大观塔，一为小方塔，均为典型的宋代楼阁式砖塔。

大观塔因建成于北宋大观二年（1108）而得名，又因其始建于北宋崇宁年间，故又称崇宁塔。大观塔 8 面 7 层，为楼阁式砖塔，底层直径 11 米，高 32 米。每面均有砖券拱门，层层叠涩砌出短檐，檐下以砖做成斗栱，每层出檐双层，转角处砖砌成半圆形倚柱。塔内有楼梯可供登临，登塔梯为"穿壁绕平座"，顶为塔刹。第二层到第七层内外壁镶嵌宋代石刻 36 方，内容为捐财祈福、佛教经文等。大观塔将北方砖塔的构造，融入了若干南方砖塔的作法，为宋代南北造塔技术过渡、融合的实例。

小方塔建于南宋绍兴三十一年（1161），高 22 米，4 面 7 层，底层为正方形，各层设腰檐平座与方形倚柱。小方塔因塔身为正方形，塔体较大观塔小而得名，又因其建于南宋绍兴年间，故又称绍兴塔。塔第一层南北两面塔壁嵌有石刻佛像，雕工精细，线条流畅，形象生动。塔中还嵌有一方小记事碑，记载绍兴三十一年（1161）三月泾县梅权及全家舍钱建塔的情况。据清《泾县志》载，小方塔上还有 10 余块方义输碑和佛经刻石。塔刹已毁。

水西双塔之小方塔

两塔对峙，使塔的性格更为鲜明。大观塔巍峨壮观，小方塔玲珑精巧，相映生辉。两塔都是典型的古建佳作，且碑刻内容丰富，具有较高的历史及艺术价值。2001年，水西双塔被评为第五批全国重点文物保护单位。

# （四）广德县天寿寺大圣宝塔

天寿寺大圣宝塔，位于广德县桃州镇迎春街北侧原天寿寺内。天寿寺，原名通天寺，为唐天佑年间法苑禅师所建；宋建中靖国元年（1101），改名开化寺；明万历三十年（1602），改名天寿寺。1938年，日军侵占时期，寺院殿宇、经舍、僧房全部被毁。大圣宝塔始建于北宋太平兴国四年（979），当时只建5层；元符二年（1099）被焚；崇宁四年（1105）重修完成。这次重修不仅修复了原来的5层，而且还增添2层，成为七级浮屠；在安装相轮时，又在预先设置的刹座"天宫"内安放一座银塔和6个银制大圣侍从星辰；在地宫中放入佛牙、银卧佛、舍利子89粒。但上述珍贵物品早已被盗一空。

大圣宝塔建成以来历经沧桑。相传南宋建炎三年（1129），岳飞在广德境内抗击金兵时，在这里曾获大捷。在战火中，塔的各层飞檐毁于飞矢。明万历三十年（1602）、清康熙七年（1668），宝塔先后重修。光绪二十六年（1900）重阳节观音庙会时，因放爆竹起火，烧三天三夜，飞檐楼板、塔顶塔刹俱化为灰烬，仅存砖体塔身。1984—1986年，大圣宝塔进行了全面修缮，再现昔日雄姿。现存塔体为6角7层楼阁式建筑，修缮前通高31.34米。自地平以下到夯土层，基座高1.14米。塔底层外边长4.4米，塔壁厚1.5米。塔内部结构为空筒式，各层设木质楼层。根据所存塔体各部比例分析，原来塔下层似有附阶，但尚未找出遗迹，可能因多次重修遗失。

全面修缮后，塔通高39.97米，砖木结构，青石塔基，六角飞檐，角悬铜铃。每层每面中央开设壶门，1~5层门道顶部为八角藻井，6层、7层为拱顶，2~7层壶门两侧设假直棂窗。底层正东、东南、东北3面门互通，方便出入，正西、西南、西北3门沿内壁封闭。塔外各层转角均设扇形倚柱，各层腰檐设砖制仿木斗栱。塔内设有扶手板梯，每层楼面均以方砖铺砌。

1983年12月，塔基地宫内出土一方石碑。石碑和地宫石盖上均有铭文，确切记载了塔的原名和建塔经过，是研究该塔的重要历史资料。

# （五）潜山县觉寂塔

觉寂塔，坐落于潜山县野寨乡凤凰山山谷寺内，古"南岳"天柱山之麓。山谷寺，又名"三祖寺"，始建于南朝梁初年。唐、宋时，寺具相当规模，冠绝江南禅林，后屡经兴废。今寺内有立化塔、山门、天王殿、大雄宝殿、觉寂塔等。大雄宝殿为 1986 年于唐代遗址重建。

寺内觉寂塔，亦称"三祖塔"，在三祖寺塔院中央。唐天宝四年（745），舒州别驾李常捐建，大历七年（772）赐名"觉寂塔"；会昌五年（845）武宗灭佛时，觉寂塔与三祖寺同时遭毁；大中初年（847），舒州刺史张彦远重修。南宋乾道八年（1172），舒州怀邑黄氏三娘合家捐资铸造相轮一座置于塔顶。宋末寺毁，唯塔独存。宋《太平寰宇记》载："三祖塔在舒州山谷寺……峭壁间有杜牧诗。"明嘉靖四十三年（1564），院僧了莹重新修缮。此后，屡圮屡修，塔得以保存至今。今之觉寂塔，实为唐代塔基、明代塔身、宋代相轮组合而成。塔 8 角 7 层，高 30 米，楼阁式，斗栱整齐。塔体外旋中空，四周刻有佛像，外有砖栏环绕。塔顶八方系铃，风吹悦耳。1981 年，觉寂塔被评为安徽重点文物保护单位。

塔瓴盖筒瓦，飞檐翘角，斗栱相承，跳撑平座。71 级台阶，可达塔顶，每层有四门相对，两虚两实，虚实相间。游人登塔，常为虚实所迷，方向莫辨。每方设龛，供奉 4～8 尊佛像，大小不等，排列有序。顶层铁铸塔刹，上为葫芦形铁圈，下为宝瓶，瓶颈镌佛家镇塔四行咒语，中为镂有几何形花纹的相轮 5 节，下又设室瓶，承轮而立。底层佛钵，铸铭文 170 字，记述铸造者之姓名及祝愿。顶悬 8 条锁链，斜伸八方，上缀风铃 51 只，风动铃响，悠扬悦耳，正如诗人所赞："风送铃声山云林，云随梵音上山巅。"游人登塔，远眺天柱群峰，秀出云表；鸟瞰梅城市容，屋瓦接堞；俯视潜河，轻舟来往；遥望白云崖瀑布，银河飞悬。远近皖山（天柱山）潜水风光，尽收眼底。

## （六）潜山县太平塔

太平塔，位于潜山县县城北边彰法山。《潜山县志》载："县北三里太平山有塔，塔前有真武殿，塔后有玉皇阁，有石华表。塔旁有寺，舒州太平慧勤宗佛鉴禅师道场。晋咸和创。"宋崇宁三年（1104），塔重建。今殿、阁、寺均废，塔完好独存。

潜山太平塔

　　太平塔为砖木混合结构的楼阁式，8角7层，高43米，周长30多米。塔外观为7层，塔内为11层，塔壁为砖石砌体，简式结构。底层塔心室边长1.3米，室与东、南、西三面走道相通，每面走道上藻井分为两段，楼梯道为穿壁绕平座式。底层出倚柱，二层起不设倚柱。各层腰檐和平座均有砖制仿木双抄华栱，计心造。各层塔檐至角梁处都有明显生起做法，斗栱不随生起而抬高，仅从檐椽开始生起，角梁为石制。各层均不设窗，除十字通道及楼梯道外，其余各面均设置盲门。塔顶覆钵上有铭文600余字，为南宋隆兴元年（1163）铸造。塔体大量使用花岗岩石材，除底层走道入口、门洞及藻井上角梁等处外，楼梯道上方亦使用花岗岩作为拉结的加固构件。这种楼梯设于壁内、楼层用板的空筒式结构，使中国古塔从塔内设木楼梯的空筒式结构发展到"壁内折上"，并采用大量砖发券、叠涩作楼层处理的中间形式，在中国古塔建筑技术发展史上起到承前启后的作用。

太平塔飞檐翘角，气宇轩昂。塔内中空，铺设楼板，每层4门，每方设龛，供奉砖雕佛像近千尊，形象优美，神韵生动。塔壁内设台阶，穿楼绕廊可以上下；登高可远眺天柱，群峰风光无限；俯视则可见县城街市，历历在目。前人有诗赞云："钟鸣幡动杰塔起，仰瞻天柱成双峙。皖城睥睨尽连云，旌麾一出何逶迤！"

太平塔旁旧有太平寺古刹，宋法演、慧勤、佛鉴等禅师曾相继于此布道说法，香火盛极一时。古刹现已修葺一新，塔旁还建有文物管理所，陈列历代文物字画。

为了纪念现代文学大师张恨水先生，当地在塔下依照原貌仿建了张恨水故居和心远亭、莲花池、题字碑林等。故居内陈列了张恨水先生的花瓶、鱼缸、笔砚、印章等遗物和各个时期出版的著作及手稿、书信等，以及孙起孟、林默涵、张友渔、赵超构、高占祥、蒋纬国、陈立夫等海内外知名人士的题词、赠画与研究专著。

## （七）蒙城县万佛塔

蒙城万佛塔，又名"插花塔"，俗称蒙城砖塔，坐落于蒙城县城关东南隅。因塔内镶嵌近万尊佛像，故名。万佛塔始建于南朝梁天监年间，初为7级。

《蒙城县政书·宝塔真影》载："蒙邑宝塔在城之南，相传为唐代尉迟氏所建浮屠，中嵌佛像，高可十三层。"《蒙城县志》载："插花塔在城内慈氏寺，宋时建。"唐贞观三年（629），尉迟敬德监工重修。北宋崇宁年间，塔于原址重建，其时属兴化寺，故又名兴化寺塔。塔平面为八边形，是13层楼阁式砖塔，高42.6米。塔身由水磨青砖砌造，内外壁遍嵌赭、黄、绿三色面砖，砖上雕有佛像万尊。

第1层塔身特别高。其下半部为实心体，上半部为梯道，正门开在塔北面。2~4层平座用仰莲莲瓣承托，4层以上只出小平台，无平座。7层以下门窗方位相同，均于东、西、南、北四面辟壶形门，其余四面砌作假窗；8~11层门窗部位逐层转换，上下错置；12和13层无门。塔顶装有铁制法轮。塔自下而上逐渐收分，轮廓线条优美。万佛塔将北方砖塔构筑法与南方细部装饰熔为一炉，具有北塔南韵；塔结构上随层变换，在宋代也是富有创造性的。此外，塔下有方形地宫，宫壁镌有取材佛经的浮雕，保留魏唐风格，十分难得。

# （八）安庆振风塔

振风塔，位于长江之滨迎江寺内，又名"迎江寺塔"，是一座集佛塔、文峰塔、航标塔于一身的多功能塔，有"万里长江第一塔"之誉。2006年，振风塔被列为全国重点文物保护单位。

迎江寺，始建于宋开宝七年（974），占地面积2.2万平方米，坐北朝南，前后四进，有天王殿、大雄宝殿、毗卢殿、藏经楼等大殿。寺门前两侧放置一对重约2吨的大铁锚，意指迎江寺是神话中的陆地方舟。振风塔坐落于毗卢殿前。

振风塔，建于明隆庆四年（1570），为楼阁式砖石结构，高60米，8角7层，每角各悬铜铃，风起叮当作响。塔内有浮雕佛像600多座，碑刻51块。其造型和工艺技巧，具有明显的时代特色。登塔眺望，巍巍龙山，浩浩长江，全市景色，一览无遗。"塔影横江"为安庆八景之一。

塔身自下而上逐层收分。塔内有盘旋阶梯168级，可直达塔顶。每层塔门虚实交错设置，塔身外部均有石栏环绕，供游人登塔环览周遭景色。塔顶为八角须弥座，座上立塔刹，由圆形覆钵、球状五重相轮及葫芦形宝瓶组成。

振风塔

振风塔底层内塑一尊 5 米高阿弥陀佛,第 2 层供奉弥勒佛,第 3 层供奉五方佛,第 4 层以上有彩色砖雕佛像 600 余尊,镶嵌壁间,故又名"万佛塔"。

振风塔临江而立,挺拔秀丽,气势宏伟,塔各层均置十数个灯龛为夜间航船指路。曾有诗赞道:"八面凌空八面窗,危栏七级抹斜阳。点燃百八灯龛火,指引千帆夜竞航。"振风塔成为安庆古城一个重要地标。

# (九)徽州区岩寺塔和翼峰塔

徽州区岩寺塔,濒临丰乐河,建于明嘉靖二十三年(1544),8 角 7 层,高 66.6 米。塔巍峨挺拔,耸入云霄,气魄豪峻,蔚为壮观。其底层塔檐,向外伸出 1.5 米;由下而上,塔檐逐渐外挑;到第 7 级时,塔檐外出 3 米(清末至民国初年,塔檐、塔顶先后毁坏,现仅存珠墩以下塔身)。如此由下而上逐层外伸的塔檐构建,堪称古塔奇观。当月白风清之时,塔的倒影在河流中上下浮动,出檐影影绰绰、层层挑出;若风和日丽,则"见金盘炫日(一作目),光照云表;宝铎含风,响出天外"(借用杨衒之语,见《洛阳伽蓝记·

永宁寺》）；至于阴雨淅沥之时，则见第 7 层檐上之水直落地面，有断有续，仿佛珠帘。建塔时，塔东之凤山台，与塔同时建造，象征着砚；塔西之佘公桥（已毁），象征着墨；而塔则象征着笔。笔、墨、砚，为徽州文房之宝，以塔、桥、台分别暗示之，且建构于徽州岩寺之青山绿水之中，充分体现了徽塔的地方特色。

岩寺文峰塔

潜口翼峰塔，又名"潜口锥""下尖塔""下街塔"，坐落于潜口镇南端205 国道西侧，是潜口水口建筑群落中唯一幸存的古塔。塔之左侧有万贯山，右侧有络狮山。每当日影阑珊之时，翼峰残照，成为一道非常秀丽的景观。塔外观 7 层 8 角，有铁葫芦宝顶，高约 32 米。全塔皆由砖制，每块砖都有阴刻"竹溪建立塔""大明甲辰造"字样。塔内底层北门内上方有红石匾额，楷书"翼峰"，上款为"嘉靖二十三年甲辰岁"，下款为"竹溪汪道植敬立"。据此推断，塔当建于嘉靖二十三年（1544）。

塔内只有 1、2、6、7 四层可落脚观景，其余均为石梯。石梯自底层西门夹壁中绕塔而上。最底层是平坦地面,外径 10.6 米,内径 4.4 米,中心高度 7.6 米。东、西、北三面开券门。门洞高 3.3 米,南面设菩萨座。

第 2 层是凸形地面,距地面约 2 米处,置塔铭一块。2~5 层贯通,穹隆顶。南面设供座,供座左侧暗藏通道,有石梯绕塔壁而上。第 6 层是平坦地面,内高 7 米,南壁有块高 2 米、宽 0.5 米的匾额,上书:"大明嘉靖二十三年甲辰十月初三日,潜川竹溪翁汪道植谨立。"第 7 层为宝塔最高层,也是平坦地面,内径 3.3 米,中心高度 4.1 米,八面均有券门。翼峰塔之刻字砖、穹隆顶、宝葫芦塔刹等元素融入了多重技艺和文化,实属罕见。

翼峰塔

# （十）旌德县文昌塔

旌德文昌塔，位于旌德县城中心，文庙东侧 60 米处，邻近徽水河。传说，旌德县城地形如"五龟出洞"，倘若龟走了就会带走这一地区的文运和财气。于是，旌德人在城中建了这座塔来定住龟（塔基是一块龟形石），并把这座塔定名为"定龟塔"。又传说县城西南有一座梓山，形状似火，因此

旌德文昌塔

城里经常发生火灾，旌德人便建造这座塔来镇火，因此，该塔又叫作"镇火塔"。据考证，该塔前身为"文昌阁"，建于明嘉靖元年（1522），为木制3层8角式，因年久失修而倾圮；清乾隆八年（1743）易阁为塔，至十一年（1746）竣工。

文昌塔为8角5层砖木混合楼阁式建筑。每层檐8角悬有铜铃。塔顶置葫芦型塔刹。塔内为空筒式结构，第2层以上各层设有木梯，拾级而上可至顶层，举目眺望，旌德风貌一览无遗。文昌塔为旌德县城标志。塔高31.8米，壁厚1.40米，每向边长2.7米。第1层高约6米，略高于其他各层。塔基用矩形花岗石垒砌，高约70厘米，亦为八边形，边长为3.6米。塔门券形，开在正面向，门上方有一长方形匾额，匾中刻阳文"文昌塔"三字，上款是"乾隆丙寅"，下款是"合邑公口"。塔门前设石阶、垂带。第1层塔室为八边形，由西向东设20级石阶至第2层，石阶宽1米，破1层中轴，使塔室一分为二。随石阶增高而形成的塔室空地，以砖砌实，内壁亦用白灰粉刷。第2层地坪砖石混合，外壁设腰檐，东、西、南、北开有塔窗，余向为假窗，沿木楼梯顺时针方向登至第3层。第3层腰檐与第2层略有不同，采用昂式砖向外挑檐，东北、西南、东南、西北四向各开塔窗，余向为假塔窗。第4、5两层，腰檐做法同第3层，塔窗明暗交错，第5层南向顶檐下开有圆形塔窗。内外塔壁逐层收分至塔顶。2001年，县政府对塔进行修葺，恢复其原貌。2004年，文昌塔被列为安徽省重点文物保护单位。

# （十一）芜湖中江塔

中江塔，巍然耸立于青弋江与长江交汇处的江堤上，半依闹市半偎江，被古人誉为"江上芙蓉"，系芜湖市重点文物保护单位。中江塔为楼阁式砖木结构风水宝塔，8角5层，每边长4.1米。塔高43.7米，其中塔刹高10.16米。每层四窗，错置相间，每窗左右各设一灯龛。塔内结构1~2层为壁内折上式，石梯盘绕。3~5层为空筒式，木梯依壁。门窗塔壁，精雕细刻。墙面各边均嵌有砖雕，尤以1~2层圆形倚柱两侧的砖雕雀替最为突出。

　　1987 年，安徽省考古研究所组织维修，恢复了塔的出檐部分。1988 年，芜湖市人民政府重修中江塔，使之英姿勃发，与现代化大厦、多功能防洪墙、新建的临江桥交相辉映于两江之畔，构成一幅古代文明与现代文明比肩同立的独特的风景画。修复后的中江塔巍然壮观，登临塔顶，万千景象，尽收眼底。中江塔堪称芜湖地标之一。

# 参 考 文 献

［1］单德启：《安徽民居》，中国建筑工业出版社2009年版。

［2］单德启：《中国传统民居图说·徽州篇》，清华大学出版社1998年版。

［3］李乾朗：《穿墙透壁——剖视中国经典古建筑》，广西师范大学出版社2009年版。

［4］朱永春：《徽州建筑》，安徽人民出版社2005年版。

［5］潘国泰、朱永春：《安徽古建筑（汉英对照)》，安徽科学技术出版社1999年版。

［6］朱永春：《中国古建筑文化之旅——安徽》，知识产权出版社2002年版。

［7］张驭寰、陶世安：《走进中国古建筑》，机械工业出版社2010年版。

［8］张驭寰：《中国古建筑装饰讲座》，安徽教育出版社2005年版。

［9］长北：《江南建筑雕饰艺术·徽州卷》，东南大学出版社2005年版。

［10］方静：《解读徽州》，合肥工业大学出版社2009年版。

［11］段进、揭明浩：《世界文化遗产宏村古村落空间解析》，东南大学出版社2009年版。

［12］段进等：《世界文化遗产西递古村落空间解析》，东南大学出版社2006年版。

［13］陈志华等：《乡土建筑——关麓村》，清华大学出版社2010年版。

［14］王振忠文、李玉祥摄影：《乡土中国——徽州》，生活·读书·新知三联书店 2000 年版。

［15］陈安生：《黟县》，古吴轩出版社 2002 年版。

［16］汪之力：《中国传统民居》，山东科学技术出版社 1994 年版。

［17］李俊：《徽州古民居探幽》，上海科学技术出版社 2003 年版。

［18］陈志华、李秋香：《中国乡土建筑初探》，清华大学出版社 2012 年版。

［19］许琦：《徽州古村落文化丛书——箬岭古道明珠许村》，合肥工业大学出版社 2011 年版。

［20］罗哲文、柴福善：《中华名寺大观》，机械工业出版社 2008 年版。

［21］罗哲文、柴福善：《中华名塔大观》，机械工业出版社 2009 年版。

［22］宋子龙：《徽州牌坊艺术》，安徽美术出版社 1993 年版。

［23］东南大学建筑系、歙县文物管理所：《徽州古建筑丛书》，东南大学出版社 1996—2001 年版。